EUL VERLAG

Christian Neßler
Katja Bartelt

Die Bedeutung eines nachhaltigen SCM für die Umsetzung von CSR in der Unternehmensstrategie

EUL VERLAG

Bibliografische Information der Deutschen Nationalbibliothek

Die Deutsche Nationalbibliothek verzeichnet diese Publikation in der Deutschen Nationalbibliografie; detaillierte bibliografische Daten sind im Internet über <http://dnb.d-nb.de> abrufbar.

ISBN 978-3-8441-0221-5
1. Auflage Januar 2013

JOSEF EUL VERLAG GmbH
Brandsberg 6
53797 Lohmar
Tel.: 0 22 05 / 90 10 6-6
Fax: 0 22 05 / 90 10 6-88
E-Mail: info@eul-verlag.de
http://www.eul-verlag.de

Bei der Herstellung unserer Bücher möchten wir die Umwelt schonen. Dieses Buch ist daher auf säurefreiem, 100% chlorfrei gebleichtem, alterungsbeständigem Papier nach DIN 6738 gedruckt.

Vorwort

In den letzten Jahren lässt sich national wie international eine verstärkte Diskussion um die Rolle von Unternehmen in der Gesellschaft und um die ethischen Grundlagen des Wirtschaftens verzeichnen. Fortschreitende Globalisierung, gesellschaftlicher Wertewandel, der zunehmende Rückzug des Staates aus der sozialen Verantwortung sowie eine Reihe von wirtschaftlichen Skandalen haben dazu beigetragen, dass eine stärkere soziale Verantwortung der Unternehmen gefordert wird. Die Diskussion um verantwortungsvolles unternehmerisches Handeln wird unter dem Begriff Corporate Social Responsibility (CSR) geführt. CSR umfasst dabei ein freiwilliges unternehmerisches Engagement, „das über die expliziten und impliziten Vorgaben der gesellschaftlichen Grundordnung hinausgeht".[1]

Auch auf Seite der Unternehmen ist im Zuge dieser Diskussion eine wachsende Bereitschaft zur Übernahme gesellschaftlicher und ökologischer Aspekte als substanziellen Bestandteil ihrer Unternehmenspolitik zu erkennen. Die Stakeholder eines Unternehmens wiederum orientieren ihre Erwartungen nicht lediglich an Performance-Kennzahlen, sondern zunehmend auch am gesellschaftlichen Mehrwert und an Nachhaltigkeit der unternehmerischen Tätigkeit.

Für die Umsetzung von CSR stellt die Betrachtung der Supply Chain einen zunehmend relevanten Faktor dar. Das Outsourcing auf unternehmensexterne Partner sowie die Verlagerung von Unternehmensaktivitäten auf Länder mit geringen sozialen und ökologischen Regulierungen stellt vor allem die Beschaffungsaktivitäten von fokalen Unternehmen vor die Frage der Verantwortungsübernahme. Zunehmende Transparenz der globalen Aktivitäten bedeutet besonders für das fokale Unternehmen als Markeninhaber im Fokus der öffentlichen Wahrnehmung zu stehen. Dabei bietet nicht nur die reaktive, sondern auch die proaktive nachhaltige Gestaltung der Supply Chain wirtschaftliche Potenziale für das fokale Unternehmen.

Die vorliegende Arbeit greift diese Entwicklungen auf und analysiert CSR im Rahmen des Supply Chain Managements und versucht Möglichkeiten von CSR zur Wertgenerierung und als Instrument des Stakeholdermanagements aufzuzeigen.

Mainz, im Juni 2012

Katja Bartelt
Christian Neßler

[1] Falck/Heblich (2006), S. 1.

Inhalt

Abbildungsverzeichnis

Abkürzungsverzeichnis

CC	Corporate Citizenship
CFP	Corporate Financial Performance
CSP	Corporate Social Performance
CSR	Corporate Social Responsibility
ILO	International Labour Organization
LOHAS	Lifestyle of Health and Sustainability
NGOs	Non-Governmental Organizations
OECD	Organization for Cooperation and Development
SCM	Supply Chain Management
SBSC	Sustainability Balanced Scorecard
UN	United Nations
WACC	Weighted Average Cost of Capital

1 Einleitung

Die Idee, dass Unternehmen über ihre gesetzlichen Verpflichtungen hinaus Verantwortung übernehmen sollen, ist keinesfalls eine neue Erscheinung. Die Idee der Berücksichtigung des Gemeinwohls geht bis in das antike Griechenland zurück.[2] Das zunehmende gesellschaftliche Bewusstsein für sowohl nationale als auch globale ökologische und soziale Problemstellungen seit den 1960er Jahren rückt die Forderung nach Transparenz und Verantwortung auch in den Blickwinkel von Politik und Wirtschaft. Diese Entwicklung spitzte sich bis in die 1990er Jahre zu.[3] Der Verantwortung von Unternehmen wurde vor dem Hintergrund der Finanzkrise neue Brisanz verliehen.[4] Wem gegenüber und wofür Verantwortung übernommen werden soll, ist dabei ein definitorischer Graubereich, der einerseits in seiner historischen Entwicklung, andererseits aber auch vor dem Hintergrund verschiedener Blickwinkel eine gewisse Dynamik aufweist.[5]

Globalisierung und zunehmende Verflechtungen der Wirtschaftsbeziehungen verändern auch die Struktur von Unternehmen und ihrer Supply Chain. Klar abgesteckte Unternehmensgrenzen schwinden, und komplizierte Netzwerke mit externen und mit in Beteiligungsverhältnissen stehenden Unternehmen entstehen, die über Landesgrenzen hinausgehen. Unternehmen tendieren zunehmend zur Fokussierung von Kernkompetenzen und nutzen günstigere Faktorkosten in Entwicklungsländern um Effizienz und Profitabilität zu erhöhen.[6] Die Supply Chain spielt bei der Umsetzung von Corporate Social Responsibility (CSR) im Unternehmen eine maßgebliche Rolle. Zu beachten sind hierbei vor allem die Produktions- und Beschaffungsaktivitäten in Ländern, in denen es keine ausreichende Berücksichtigung von sozialen und ökologischen Aspekten in gesetzlichen Regulierungen gibt oder der Staat nicht ausreichend für deren Einhaltung eintreten kann. Vor allem steht hier das fokale Unternehmen im Fokus, das - meist als Markeneigentümer - mit der Öffentlichkeit in Verbindung steht. Dem fokalen Unternehmen wird durch seine zentrale Stellung und wirtschaftliche Macht auch die Verantwortung über die eigenen Unternehmensgrenzen hinaus zugesprochen.[7] Eine offene Frage bleibt hierbei, wieweit das fokale Unternehmen dabei wirklich in der Lage ist, die Ver-

[2] Vgl. Hardtke (2010), S. 22-23.
[3] Vgl. Hardtke (2010), S. 31-34.
[4] Vgl. Neuhäuser (2011), S. 11-14.
[5] Vgl. Wieland / Schmiedeknecht (2010), S. 79-80; Schranz (2007), S. 57-58.
[6] Vgl. Myers / Borghesi / Russo (2007), S. 39-41.
[7] Vgl. Seuring / Müller (2009), S. 168-170.

antwortung für die komplexen Netzwerke bis hin zur n-Tier[8] Ebene zu übernehmen und welche Governance-Mechanismen eine Kaskadierung der Unternehmensstrategie auf externe Partner über Landes- und Kulturgrenzen hinweg leisten können.

CSR ist dabei nicht als reiner Altruismus von Unternehmen zu sehen. Zunehmend wird versucht, in Studien den „Business Case" für CSR darzustellen, um auch den ökonomischen Nutzen für Unternehmen herauszuarbeiten. Die Wirtschaftlichkeit von Unternehmen darf nicht vernachlässigt werden, da sie sowohl im Konzept der CSR als auch im Konzept der nachhaltigen Entwicklung verankert ist.[9] Von zentraler Bedeutung für eine positive ökonomische Wirkung ist hierbei die Integration in die Unternehmensstrategie und die Vermeidung, soziale und ökologische Aspekte in separaten Satellitensystemen im Unternehmen zu handhaben.[10] Aber auch hier stellt sich wieder die Frage nach der Verantwortung. Die Verbindung von CSR und einem nachhaltigen Supply Chain Management zum ökonomischen Erfolg ist auch darunter zu betrachten, ob sich das Unternehmen nur gegenüber seiner Eigentümer im Sinne der Erzielung von Shareholder Value verantwortlich fühlt, oder die Betrachtung aller Anspruchsgruppen in sein Managementsystem gemäß des Stakeholder-Ansatzes integriert.

Ziel dieser Arbeit ist es, im ersten Schritt eine Einführung und einen Überblick in das CSR-Konzept zu geben (Kapitel 2). Des Weiteren soll die Bedeutung des Supply Chain Managements vor den Entwicklungen des Offshoring und Outsourcing betrachtet werden. Vor dem Hintergrund von CSR sollen hier das fokale Unternehmen und seine Upstream-Tätigkeiten in Ländern mit geringer gesetzlicher Regulierungsdichte sowie die Möglichkeiten eines nachhaltigen Supply Chain Managements im Fokus der Betrachtung stehen (Kapitel 3). Im nächsten Kapitel (Kapitel 4) wird die Sustainability Balanced Scorecard als Weiterentwicklung der Balanced Scorcard nach Kaplan und Norton beschrieben und als mögliches Instrument zur ganzheitlichen Integration von CSR in der Unternehmensstrategie dargestellt. Des Weiteren wird die Einflussmöglichkeit des nachhaltigen Supply Chain Managements auf die Ursache-Wirkungs-Kette zur Erreichung des Unternehmensziels skizziert. Schlussendlich wird die Kompatibilität von CSR und nachhaltigem Supply Chain Management mit einerseits einer shareholderorientierten Unternehmensführung und andererseits dem stakeholderorientierten Management betrachtet (Kapitel 5). Im letzten Kapitel (Kapitel 6) folgen eine Schlussbetrachtung sowie ein Ausblick.

---

[8] Tier bezeichnet die Position im Zuliefernetzwek.
[9] Vgl. Europäische Kommission (2001), S. 4; Loew et al. (2004), S. 58.
[10] Vgl. Schaltegger / Dyllick (2002), S. 19.

2 Corporate Social Responsibility

2.1 Definition

CSR stand in den vergangen Jahren immer häufiger im Fokus von wissenschaftlicher Forschung und Publikationen.[11] Obwohl der „Global Stakeholder Report 2005“ bereits auf eine Informationsüberdrüssigkeit zum Thema CSR hinweist,[12] gibt es weder in der Theorie noch in der Unternehmenspraxis eine einheitliche Definition. [13]

Die Aussage „*Social Responsibility Is a Moving Target*“[14] beschreibt zutreffend, was als Ursache für den Definitionspluralismus[15] gesehen werden kann. Sowohl durch den zeitlichen Verlauf, die historische Entwicklung sowie voneinander differierende Blickwinkel unterschiedlicher Interessengruppen verändern sich die Anforderungen an eine und der Inhalt von einer Definition von CSR, [16] was eine Einigung erheblich erschwert.

Eine erste inhaltliche Auseinandersetzung fand im Jahr 1953 von Howard R. Bowen in seinem Buch „Social Responsibilities of the Businessman“ statt.[17] Daraufhin folgte in fast jeder Dekade eine große Zahl begrifflicher und inhaltlicher Weiterentwicklungen (vgl. Anhang 1).

Die 2001 im Grünbuch der Europäischen Kommission veröffentlichte Definition von CSR gilt zumindest innereuropäisch als anerkannt und soll auch dieser Arbeit zu Grunde liegen.[18] Hier wird CSR definiert als *„[...] ein Konzept, das den Unternehmen als Grundlage dient, auf freiwilliger Basis soziale Belange und Umweltbelange in ihre Unternehmenstätigkeit und in die Wechselbeziehungen mit den Stakeholdern zu integrieren.“*[19]. Kritisch anzumerken ist die Übersetzung von „Social Responsibility“ aus dem Originaldokument mit „sozialer Verantwortung“. Eine treffendere Übersetzung wäre hierbei „gesellschaftliche Verantwortung“ gewesen, da im Kontext der Definition der Europäischen Kommission nicht nur soziale, sondern auch ökologische Faktoren Inbegriff der Definition sind.[20] CSR soll dabei nicht die Pflichten, die aus bestehenden Rechtsvorschriften oder Standards resultieren,[21] oder die Erzielung von

[11] Vgl. Curbach (2009), S. 9.
[12] Vgl. Pleon Kothes Klewes (2005), S. 7.
[13] Vgl. Dinh (2011), S. 13.
[14] Churchill (1974), S. 6.
[15] Weitere Literatur zum Thema CSR-Definition vgl. Carroll (1999); Dahlsrud (2006).
[16] Vgl. Carroll (1979), S. 501.
[17] Vgl. Carroll (1999), S. 269.
[18] Vgl. Loew et al. (2004), S. 73.
[19] Europäische Kommision (2001), S. 7.
[20] Vgl. Loew et al. (2004), S. 25-26; Curbach (2009), S. 24.
[21] Vgl. Europäische Kommission (2001), S. 7.

Gewinnen als primäre Unternehmensaufgabe ersetzen, sondern in die Unternehmensstrategie sowie die Unternehmensaktivitäten integriert werden.[22] Die Europäische Kommission unterteilt die möglichen Handlungsfelder der Unternehmen in eine interne und externe Dimension und bezieht hierbei schon bestehende Verordnungen und Kodizes ein (Anhang 2).[23]

Gemäß dieser Definition lassen sich vor allem das Prinzip der Freiwilligkeit über die gesetzlichen Anforderungen hinaus, die Berücksichtigung sozialer und ökologischer Interessen im Rahmen der Wirtschaftlichkeit und das Einbeziehen aller Beziehungen zu Stakeholdern als Kennzeichnung des CSR-Konzepts herausarbeiten.[24]

2.2 CSR-Modelle

2.2.1 CSR-Modell nach Carroll

Carroll (1979) definiert „The social responsibility of business encompasses the economic, legal, ethical, and discretionary expectations that society has of organizations at a given point in time."[25]

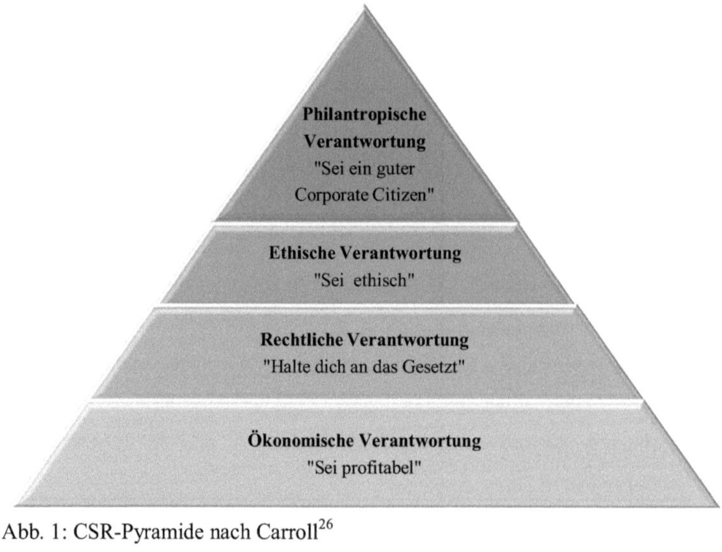

Abb. 1: CSR-Pyramide nach Carroll[26]

---

[22] Vgl. Europäische Kommission (2001), S. 4-5.
[23] Vgl. Europäische Kommission (2001), S. 9-17.
[24] Vgl. Europäische Kommission (2002), S. 5-6.
[25] Carroll (1979), S. 500.
[26] Eigene Darstellung in Anlehnung an Carroll (1991), S. 42.

Mit diesem Modell versucht Carroll sowohl für Akademiker als auch für Manager von Unternehmen den CSR-Begriff zu systematisieren und die Zusammenhänge verständlicher zu machen.[27] Hierzu unterteilt er die an ein Unternehmen gestellten Verpflichtungen in vier Kategorien: Ökonomische Verantwortung, rechtliche Verantwortung, ethische Verantwortung und philanthropische Verantwortung. Gewichtet nach ihrer relativen Bedeutung können die vier Kategorien als Pyramide dargestellt werden.[28]

Die ökonomische Verantwortung bildet das Fundament des Konzepts. Das Motiv der Gewinnerzielung ist seit jeher das primäre Ziel einer Unternehmung. Die grundsätzliche Funktion der Unternehmung ist die Produktion von Gütern und Dienstleistungen um damit Gewinne zu generieren. Ohne die Erzielung von Profiten kommen die darauf aufbauenden Verantwortungen nicht in Betracht.[29]

Als nächste Stufe der Pyramide sieht Carroll die rechtliche Verantwortung. Gesetze stellen die Rahmenbedingungen dar, deren Einhaltung die Gesellschaft von den Unternehmen erwartet.[30] Gesetze sind dabei bereits kodifizierte ethische Anforderungen der Gesellschaft und - zusammen mit der ökonomischen Verantwortung - als Teil des Fundaments zu sehen.[31]

Die ethische Verantwortung stellt die nächste Stufe der Pyramide dar. Inhalt der ethischen Verantwortung sind Normen, Standards und Erwartungen der Gesellschaft, die von dieser als gerecht, fair und moralisch richtig angesehen werden. Diese über das Gesetz hinausgehende Verantwortung ist für die Unternehmen meist unklar und schwer greifbar, was die Umsetzung für die Unternehmen schwierig gestaltet.[32]

Die Spitze der Pyramide bildet die philanthropische Verantwortung. Dabei sollen sich die Unternehmen als „gute Bürger“ in ihrer unternehmerischen Umwelt eingliedern und pro-aktiv einen Beitrag zum Wohl der Gesellschaft leisten. Der Unterschied zur ethischen Verantwortung besteht darin, dass die philanthropische Verantwortung nicht durch Erwartungsdruck der Gesellschaft zustande kommt, sondern einen freiwilligen Charakter hat. Handelt ein Unter-

[27] Vgl. Carroll (1979), S. 503.
[28] Vgl. Carroll (1991), S. 40.
[29] Vgl. Carroll (1991), S. 40-41.
[30] Vgl. Carroll (1991), S. 40-41.
[31] Vgl. Carroll (1991), S. 41.
[32] Vgl. Carroll (1991), S. 41.

nehmen nicht im Sinne dieser Verantwortung, wird dies nicht von der Gesellschaft als unethisch betrachtet.[33]

Alle vier Verantwortungen schließen sich nicht gegenseitig aus und trotz ihrer parallelen Existenz liegt der Fokus von Unternehmen doch in erster Linie in der ökonomischen und rechtlichen Verantwortung.[34]

2.2.2 Weiterführendes Modell der Corporate Social Performance

Wood baut ihr Modell der Corporate Social Performance (CSP) auf dem CSR-Modell nach Carroll (1979) und dem CSP-Modell nach Wartick/Cochran (1985) auf und erweitert diese.[35] Als soziale Performance eines Unternehmens definiert Wood „*a business organization's configuration of principles of social responsibility, processes of social responsiveness, and policies, programs, and observable outcomes as they relate to the firm's societal relationship.*"[36] Somit beinhaltet ihr Modell nicht nur Prinzipien der CSR, sondern enthält auch eine Handlungs- und Ergebniskomponente.[37]

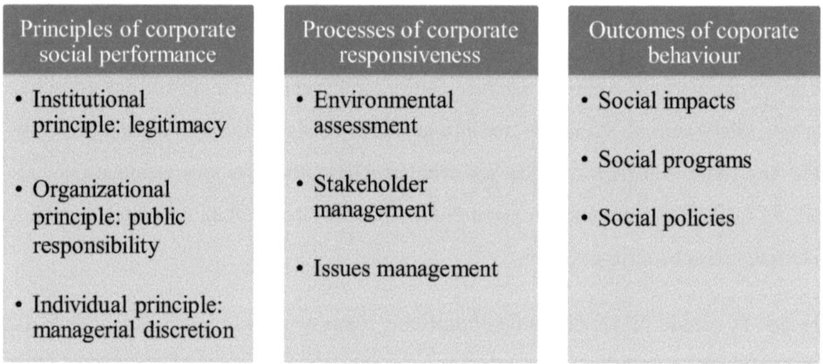

Abb. 2: Bestandteile des CSP-Modells nach Wood[38]

Wood sieht die von Carroll (1979) definierten vier Ebenen, die ökonomische, rechtliche, ethische und philanthropische Verantwortung lediglich als Handlungsbereiche. Diese Bereiche werden bei Wood von drei Prinzipen überlagert, die die Erwartungen der Gesellschaft an die

[33] Vgl. Carroll (1991), S. 42.
[34] Vgl. Carroll (1979), S. 499-500.
[35] Vgl. Carroll (1999), S. 288-289.
[36] Wood (1991), S. 693.
[37] Vgl. Salzmann / Steger / Ionescu-Somers (2008), S. 3.
[38] Eigene Darstellung in Anlehnung an Wood (1991), S. 694.

Unternehmen als wirtschaftliche Akteure spiegeln.[39] Auf der institutionellen Ebene steht das Prinzip der Legitimität. Das Unternehmen bekommt von der Gesellschaft eine Legitimität verliehen, die unmittelbar an die Erwartungen der Gesellschaft geknüpft ist, diese erteilte Legitimität verantwortungsvoll zu nutzen. Verliert das Unternehmen seine gesellschaftliche Legitimität, muss es mit Sanktionen rechnen. Auf der organisationalen Ebene wird die öffentliche Verantwortungsübernahme des Unternehmens auf die Bereiche eingegrenzt, die es direkt oder indirekt durch seine Handlungen berührt. Die individuelle Ebene richtet sich an die Handlungen des Managements, die als Entscheidungsträger im Unternehmen gesellschaftliche Verantwortung in ihren Entscheidungsprozess mit einbeziehen sollen.[40]

Die Corporate Social Responsiveness in diesem Modell befasst sich mit der Umsetzung der an das Unternehmen gestellten Erwartungen.[41] In ihrem Modell ergänzt Wood damit das normative CSR-Konzept um eine Handlungsdimension, die die Analyse der externen Unternehmensumwelt, das Management der Stakeholderinteressen als auch den Umgang mit sozialen Belangen einschließt.[42]

Der dritte Teil des CSP-Modells erfasst die Ergebnisse des unternehmerischen Handelns. Hier werden die Aktionen eines Unternehmens durch das generelle Bild, das das Unternehmen hinsichtlich seiner Vorstellung von gesellschaftlicher Verantwortung vermittelt, der Institutionalisierung sozialer Motive in der Unternehmenspolitik und der Investition von Unternehmensressourcen in soziale Programme sichtbar und bieten einen Ansatzpunkt zur Operationalisierung.[43]

Das CSP-Modell stellt ein Gebilde zur Bewertung des Ergebnisses unternehmerischen Handelns in Verbindung mit einer erwartungskonformen und den gesellschaftlichen Werten entsprechenden Beziehung zwischen Unternehmen und Gesellschaft dar.[44]

---

[39] Vgl. Wood (1991), S. 695.
[40] Vgl. Wood (1991), S. 695-699.
[41] Vgl. Promberger / Spiess (2006), S. 11.
[42] Vgl. Wood (1991), S. 706.
[43] Vgl. Wood (1991), S. 708-711.
[44] Vgl. Wood (1991), S. 693-694.

2.3 Begriffliche Abgrenzungen

2.3.1 Sustainable Development

Der Begriff Sustainable Development lässt sich als Äquivalent des im deutschsprachigen Raum verbreiteten Begriffs der Nachhaltigkeit bzw. nachhaltigen Entwicklung sehen.[45] Im Brundtland-Bericht der Weltkommission für Umwelt und Entwicklung wird Sustainable Development definiert als eine Entwicklung, „*[...] die die Bedürfnisse der Gegenwart befriedigt, ohne zu riskieren, dass künftige Generationen ihre eigenen Bedürfnisse nicht befriedigen können.*"[46]. Diese Definition gilt als weit verbreitet und allgemein anerkannt.[47] Ökonomische, ökologische und soziale Ziele stehen dabei gleichberechtigt nebeneinander. Diese, als drei Säulen der Nachhaltigkeit betrachteten Dimensionen sollen dabei langfristig gesichert werden.[48] Die Ziele der drei Bereiche stehen dabei nicht exklusiv nebeneinander. Es existieren Schnittmengen aber auch Spannungsfelder sowie übergreifende Auswirkungen, die im Idealfall zu einer Win-Win-Win-Situation führen.[49] Sustainable Development stellt ein gesamtgesellschaftliches Leitbild dar, wohingegen Corporate Sustainability, CSR und Corporate Citizenship auf einzelwirtschaftlicher Ebene zu sehen sind (siehe Abb. 3).[50]

Mit Bezug auf die intergenerationale und intragenerationale Gerechtigkeit ist Sustainable Development sowohl auf die Gegenwart als auch die Zukunft ausgerichtet. CSR hingegen fokussiert vor allem auf die gegenwärtige Beziehung zu den Stakeholdergruppen.[51] Ebenso unterscheidet sich CSR von Sustainable Development hinsichtlich der Ansprache aller drei Säulen der Nachhaltigkeit. Sustainable Development fordert eine gleichrangige Betrachtung der ökonomischen Dimension. Die europäische Auffassung von CSR bezieht die Wirtschaftlichkeit jedoch nur als Randbedingung ein und adressiert somit hauptsächlich die ökologische und soziale Dimension.[52]

2.3.2 Corporate Sustainability

Corporate Sustainability stellt das Konzept einer nachhaltigen Unternehmensführung dar.[53] Hier wird der Beitrag zur ökonomischen, ökologischen und sozialen Nachhaltigkeit auf die

---

[45] Vgl. O.V. (2004), S. 2109; Mahammadzadeh (2003), S. 5; Dinh (2011), S. 18.
[46] Weltkommission für Umwelt und Entwicklung (1987), S. 46.
[47] Vgl. Kirstein (2009), S. 54; Hardtke (2010), S. 17.
[48] Vgl. Loew et al. (2004), S. 58.
[49] Vgl. Müller-Christ (2001), S. 72-73.
[50] Vgl. Loew et al. (2004), S. 70.
[51] Vgl. Schranz (2007), S. 24.
[52] Vgl. Loew et al. (2004), S. 70.
[53] Vgl. Kirstein (2009), S. 55-56.

Unternehmensebene transponiert und adressiert sowohl die heutige als auch künftige Beziehung zu den Stakeholdern.[54] Somit kann auf mikroökonomischer Ebene CSR als ein Teilbereich von Corporate Sustainability gesehen werden, der sich vor allem mit Beiträgen des Unternehmens zur ökologischen und sozialen Dimension von Nachhaltigkeit beschäftigt, den Beitrag zur ökonomischen Nachhaltigkeit aber nicht explizit betrachtet.[55]

2.3.3 Corporate Citizenship

Ähnlich wie beim CSR-Konzept gibt es keinen Konsens zur einheitlichen Definition von Corporate Citizenship (CC). Kern des CC ist die Erwartung an das Unternehmen, sich als guter Bürger in sein gesellschaftliches Umfeld einzugliedern.[56] Die Ausgestaltung von CC durch Corporate Giving (Spendenzahlungen und Sponsoringaktivitäten), Corporate Volunteering (freiwilliges Engagement der Mitarbeiter bei gemeinnützigen Projekten) und Corporate Foundation (Gründung gemeinnütziger Stiftungen) geht über die ursprüngliche Geschäftstätigkeit des Unternehmens hinaus und besitzen damit philanthropischen Charakter.[57] In der praktischen Umsetzung bezieht sich der Aktionsradius meist auf das regionale Umfeld des Unternehmens, kann aber auch auf globaler Ebene stattfinden. Grundsätzlich sollte sich jedoch ein Nutzen sowohl für die Gesellschaft als auch für das Unternehmen ergeben.[58] Wichtig ist die strategische Ausrichtung und Koordination der Einzelaktivitäten, ebenso wie die gezielte Kommunikation.[59] Unterschiedliche Auffassungen gibt es ebenfalls zur Beziehung von CC und CSR. Einerseits wird CC als übergeordnetes Konzept gesehen und CSR als Teilbereich von CC eingeordnet[60], gleichwohl existiert eine konträre Sichtweise. Als Argument für die begriffliche Unterordnung von CC als Teilaspekt von CSR kann zum einen der enger gefasste Handlungsrahmen von CC gesehen werden; die CC-Aktivitäten richten sich eher an regionalen und sozialen Belangen aus, internationale oder ökologische Problembereiche fallen in der Regel nicht in das Handlungsfeld von CC. CSR richtet sich neben den die Unternehmenstätigkeit überschreitenden Aktivitäten ebenso an die Gestaltung der Stakeholderbeziehungen sowie die nachhaltige Ausrichtung geschäftlicher Prozesse. CC hingegen

---

[54] Vgl. Dyllick / Hockerts (2002), S. 131-132.
[55] Vgl. Loew et al. (2004), S. 71.
[56] Vgl. Loew et al. (2004), S. 50.
[57] Vgl. Dinh (2011), S. 20.
[58] Vgl. Curbach (2009), S. 20-21.
[59] Vgl. Westebbe / Logan (1995), S. 17.
[60] Vgl. Waddock (2004), S. 14.

beschränkt sich in seiner Umsetzung auf unternehmenstätigkeitsübergreifende Aktivitäten.[61] Die Einordnung von CC als Teilbereich von CSR soll auch dieser Arbeit zu Grunde liegen.

2.4 Richtlinien und Standards

Auf internationaler Ebene finden sich bislang keine landesübergreifenden, kodifizierten Vereinbarungen CSR betreffend. Die von staatlichen oder privaten Organisationen erarbeiteten Standards und Richtlinien versuchen hierbei abseits des Gesetzes das Verhalten der Unternehmen auf den globalen Märkten zu regulieren.[62] Ebenfalls ist der Stellenwert der Standards und Richtlinien vor dem Hintergrund der bereits existierenden staatlichen Regulierung zu betrachten. In Ländern mit einer existierenden hohen Dichte an Umwelt- und Sozialstandards, wie beispielsweise im europäischen Raum, haben die Standards und Richtlinien lediglich einen zusätzlichen, über das gesetzliche hinausgehenden Charakter. In Ländern mit geringeren staatlichen Umwelt- und Sozialvorgaben, meist Entwicklungsländer, haben die Richtlinien und Standards, obwohl sie auf freiwilliger Basis sind, das Potenzial, die fehlende Gesetzgebung zu ersetzen.[63]

Richtlinien sowie Standards werden von Unternehmen freiwillig akzeptiert und befolgt.[64] Die in Richtlinien enthaltenen Handlungsanweisungen und Grundsätze können themenspezifisch eng gefasst sein oder allgemein formuliert, um so vielen Unternehmen wie möglich als Plattform zu dienen. Eine externe Kontrolle der Einhaltung oder Sanktionierung findet dabei in der Regel nicht statt. Exemplarisch für solche globalen Richtlinien sind die Prinzipien für multinationale Unternehmen und Sozialpolitik der International Labour Organization (ILO), die UN Global Compact der Vereinten Nationen, die Leitsätze für multinationale Unternehmen der Organization for Cooperation and Development (OECD) aber auch die ISO 26000 der International Organization for Standardisation.[65]

Standards geben im Vergleich zu Richtlinien spezifischere Handlungsvorgaben. Konkrete Bewertungskriterien ermöglichen sowohl eine interne Bewertung als auch eine externe Zertifizierung. Beispielhafte Standards wären die Social Accountability 8000 der Organisation Social Accountability International, die Global Reporting Initiative der Coalition of Environ-

[61] Vgl. Loew et al. (2004), S. 71.
[62] Vgl. Curbach (2009), S. 64-65.
[63] Vgl. Curbach (2009), S. 62-64.
[64] Vgl. Hardtke (2010), S. 48-49.
[65] Vgl. Wieland / Schmiedeknecht (2010), S. 82-84.

mentally Responsible Economies oder AccountAbility 1000 Standard des Institute of Social and Ethical Accountability.[66]

Neben allgemeingültigen Richtlinien und Standards existieren auch branchen- und unternehmensspezifische Verhaltenskodizes (Codes of Conduct). Die branchenspezifischen Codes of Conduct spezialisieren sich auf in der jeweiligen Branche vorherrschende Nachhaltigkeitsprobleme wie beispielsweise die Labour Practices der Clean Clothes Campaign für die Textil- und Sportartikelindustrie. Von Unternehmen selbst aufgestellte Verhaltenskodizes richten sich mit ihrer Aussage vor allem an die eigenen Mitarbeiter, Lieferanten oder andere Geschäftspartner.[67] Inhaltlich reichen Codes of Conduct von Umweltfragen bis zu sozialen Fragestellungen, die die Arbeitsbedingungen betreffen, wie beispielsweise die tägliche Arbeitszeit, Mindestlöhne oder das Verbot von Kinderarbeit.[68]

2.5 Auswirkung auf den Unternehmenserfolg

Von grundlegender Bedeutung ist die Frage, welchen Einfluss CSR auf den Unternehmenserfolg hat. Nicht zuletzt vereint der ökonomische Nutzen von gesellschaftlicher Verantwortungsübernahme Gegner und Befürworter des CSR-Konzepts.[69]

Seit den ersten Studien in den 1970er Jahren wurde der Zusammenhang zwischen der finanziellen Performance eines Unternehmens (CFP) und CSR-Aktivitäten in vielen Publikationen untersucht, mit zum Teil kontroversen Ergebnissen. Während verschiedene Arbeiten einen positiven Einfluss postulierten, waren andere Studien gegenteiliger Ansicht und stellten keinen signifikanten Effekt fest. Ein geringer Anteil der Studien wies einen negativen Zusammenhang von CSR und CFP nach.[70] Sowohl die Metaanalyse von Orlitzky, Schmidt und Rynes (2003) als auch die von Margolis, Elfenbein und Walsh (2007) belegen einen positiven Zusammenhang zwischen nachhaltiger Unternehmenstätigkeit und dem finanziellen Erfolg des Unternehmens.[71]

---

[66] Vgl. Wieland / Schmiedeknecht (2010), S. 84-85.
[67] Vgl. Loew (2005), S. 10-12.
[68] Vgl. Schneider / Schwerk (2010), S. 40.
[69] Vgl. Promberger / Spiess (2006), S. 30.
[70] Vgl. Margolis / Walsh (2003), S. 273-274; Promperger / Spiess (2006), S. 1.
[71] Vgl. Orlitzky / Schmidt / Rynes (2003); Margolis / Elfenbein / Walsh (2007).

Vor dem Hintergrund eines positiven Zusammenhangs können CSR-Aktivitäten nicht nur unter altruistischen Motiven betrachtet werden, sondern erhalten auch vor dem Ziel der Gewinnmaximierung Legitimität.[72]

Unter der Voraussetzung einer positiven Beziehung von CSR und dem Unternehmenserfolg kann weiterhin die Richtung der Kausalität betrachtet werden. Ausgehend von der finanziellen Performance als unabhängiger Variable sieht die Slack Resource-Theorie eine gute finanzielle Leistungsfähigkeit als Impuls für nachhaltige Unternehmensaktivitäten. Ein gewisses Maß an finanziellen Überschüssen gibt dem Unternehmen die Möglichkeit, diese Ressourcen in nachhaltigen Bereichen zu investieren. Die Good Management-Theorie setzt im ersten Schritt bei einer CSR-orientierten Unternehmensführung an. Die Verbesserung der Beziehung zu den wichtigsten Stakeholdern führt zu einer Verbesserung der Unternehmensperformance durch beispielsweise eine höhere Motivation der Arbeitnehmer, eine Vorab-Vermeidung gesetzlicher Regulierungen oder eine Erhöhung der Kundenloyalität bzw. Verbesserung der Unternehmensreputation.[73] Beide Theorien schließen sich dabei nicht aus. Vielmehr ist von einer simultanen Kausalität beider Variablen auszugehen, die sich zirkulär beeinflussen.[74]

[72] Vgl. Etter / Fieseler (2011), S. 269-270.
[73] Vgl. Waddock / Graves (1997), S. 306-307.
[74] Vgl. Orlitzky / Schmidt / Rynes (2003), S. 6; Waddock / Graves (1997), S. 314.

3 CSR in der Supply Chain

3.1 Supply Chain Management im globalen Kontext

Im Allgemeinen umfasst das Supply Chain Management (SCM) „*[...] die funktionen- und unternehmensübergreifende Optimierung und Integration von Geschäftsprozessen vom Endkunden bis zum Lieferanten am Anfang der Kette [...]*“[75]. Neben Warenflüssen umfasst das Supply Chain Management ebenso Informations- und Finanzflüsse.[76] Ziel ist eine effektivere und effizientere Zusammenarbeit zwischen den beteiligten Unternehmen, die einen Nutzen für alle Beteiligten anstrebt. Die zu gestaltenden Zielgrößen stellen Qualität, Quantität, Kosten und Zeit dar.[77] Auf strategischer Ebene bestimmt das Supply Chain Management die Form der Beschaffung von Rohmaterial und Vorprodukten, des Transports sowohl zur Produktionsstätte als auch bis zum Endkunden, der Produktion an sich und den Weg der Distribution. Auch der Grad der vertikalen Integration ist eine strategische Entscheidung des Supply Chain Managements, da hier entschieden wird, welches Gewicht auf unternehmensexterne Einheiten entfällt. Elementar für die erfolgreiche Umsetzung ist in jedem Fall die Abstimmung und Anpassung an die übergeordnete Unternehmensstrategie und die Ausrichtung auf den Endkunden.[78] Von besonderer Bedeutung für die nachfolgende Betrachtung ist dabei das fokale Unternehmen. In der Supply Chain übernimmt das fokale Unternehmen eine führende Rolle, es stellt den Marktzugang sicher und ist durch seine Marke für den Endverbraucher erkennbar. Es gestaltet das Produkt und bestimmt dessen Eigenschaften. Das fokale Unternehmen gestaltet und steuert die Supply Chain durch Lieferantenauswahl und Bestimmung der Distributionsform zum Endkunden.[79]

Vor dem Hintergrund der zunehmenden Fokussierung der Unternehmen auf ihr Kerngeschäft und zunehmender Auslagerung der sonstigen Wertschöpfungsaktivitäten verschieben sich die Schnittstellen über die Unternehmensgrenzen hinaus. Je nach Branche werden nicht nur unterstützende Funktionen ausgelagert, sondern auch die Kernfunktionen des Unternehmens werden nicht mehr selbst ausgeführt.[80] Somit wandelt sich das Bild der linearen Supply Chain zu einem Netzwerk mit einer Vielzahl an Lieferanten, Sublieferanten und Absatzkanälen.[81] Die Auslagerung kann hierbei an Unternehmen innerhalb des Konzerns (Insourcing) als auch

[75] Pfohl (2004), S. 326 (zit. nach Gomm (2008), S. 33).
[76] Vgl. Werner (2010), S. 6.
[77] Vgl. Werner (2010), S. 25.
[78] Vgl. Chopra / Meindl (2007), S. 22-24.
[79] Vgl. Seuring / Müller (2009), S. 166.
[80] Vgl. Eurostat (2008).
[81] Vgl. Christopher (1998), S. 15-18.

an konzernexterne Unternehmen (Outsourcing) erfolgen. Im Europäischen Raum ist hierbei Insourcing weiter verbreitet.[82]

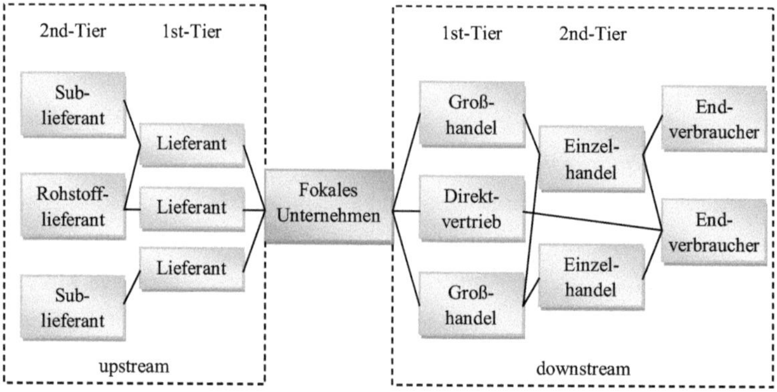

Abb. 3: Vereinfachte Darstellung einer Supply Chain[83]

Im Zuge der Globalisierung werden Supply- und Produktionsnetzwerke immer internationaler (Offshoring). Getrieben von niedrigeren Faktorkosten und hohem Marktwachstum etablieren immer mehr Unternehmen Produktionsstandorte in oder Lieferbeziehungen zu Schwellenländern.[84] Für die Unternehmen der Europäischen Union stehen hier vor allem die neuen Mitgliedsstaaten in Osteuropa an erster Stelle, die Bedeutung Chinas und Indiens nimmt dabei vor allem für das produzierende Gewerbe immer mehr zu.[85]

Einerseits werden so die Strukturen zwischen den involvierten Einheiten immer komplexer, gleichzeitig wird aber auch die Forderung nach Flexibilität (beispielsweise durch Just-in-Time-Fertigung) immer größer. Zunehmender Kosten- und Zeitdruck sowie höhere geografische und kulturelle Distanz innerhalb der Supply Chain-Netzwerke und die damit verbundene gestiegene Komplexität führen zu einer immer wichtigeren Rolle des Supply Chain Management.[86] Somit spielen sich Teile des Wettbewerbs nicht mehr zwischen Unternehmen ab, sondern verlagern sich auf die gesamte Supply Chain.[87]

Diese Entwicklungen lassen sich exemplarisch an der Automobilindustrie aufzeigen. Vor allem in den vergangenen zehn Jahren änderten sich die Strukturen in der Wertschöpfung. Aus

[82] Vgl. Eurostat (2008).
[83] Eigene Darstellung in Anlehnung an Schaltegger / Harms (2010), S. 6.
[84] Vgl. Jacob / Strube (2008), S. 9-10.
[85] Vgl. Eurostat (2011).
[86] Vgl. Diederichs et al. (2008), S. 282-283.
[87] Vgl. Christopher (1998), S. 16.

Effizienz- und Kostengründen wurden immer größere Anteile der ursprünglichen Fertigungstiefe bei den Fahrzeugherstellern abgebaut und in die KFZ-Teile- und Zubehörindustrie verschoben,[88] sodass bei den Fahrzeugherstellern die Fertigungstiefe bei 30% und weniger liegt.[89] Die Kooperation von Zulieferer und Hersteller wird dabei auch immer enger. So werden Forschungs- und Entwicklungstätigkeiten gemeinsam durchgeführt oder zunehmend auch ganz an Zulieferer abgegeben.[90] Neben der Verschiebung eigener Produktionsstätten ins Ausland nimmt auch der Bezug von Vorprodukten aus dem Ausland zu.[91] Diese Entwicklung beschränkt sich aber keineswegs nur auf die Fahrzeughersteller, ebenso nutzen die Zulieferer mehr und mehr die Möglichkeiten des Offshoring. Dabei ist die deutsche KFZ-Teile- und Zubehörindustrie in mehr als 60 Ländern mit ca. 1200 Tochtergesellschaften, Lizenznehmern und Beteiligungen aktiv. Motiv für Hersteller als auch Zulieferer sind an erster Stelle Kostenvorteile des Standorts aber auch die Nähe zum bedeutsamen ausländischen Markt.[92]

Auch die Strukturen des Absatzes verändern sich. Das verstärkte Angebot an Individualisierungsmöglichkeiten für die Kunden und das Ziel, den Order-to-Delivery-Zyklus zu verkürzen stellt hohe Anforderungen an die netzwerkübergreifende Zusammenarbeit im Supply Chain System der Automobilhersteller, um Negativeffekte wie beispielsweise den Peitscheneffekt[93] in der Supply Chain zu vermeiden.[94]

3.2 Betrachtung der Supply Chain unter ökonomischen, ökologischen und sozialen Gesichtspunkten

Die Supply Chain stellt einen immer relevanteren Teil des Unternehmens dar.[95] Vor diesem Hintergrund ist es erforderlich, die Supply Chain im Zusammenhang mit den drei Säulen der Nachhaltigkeit auf ihr ökonomisches, ökologisches und soziales Potenzial hin zu untersuchen. Ein nachhaltiges Supply Chain Management umfasst dabei zusätzlich zum konventionellen Supply Chain Management die Berücksichtigung ökologischer und sozialer Aspekte, die die Supply Chain betreffen.[96]

[88] Vgl. Hild (2005), S. 41-42.
[89] Vgl. Kinkel / Lay (2003), S. 5.
[90] Vgl. VDA (2000), S. 52.
[91] Vgl. Hild (2005), S. 44.
[92] Vgl. VDA (2000), S. 48-49.
[93] Bestellschwankungen schaukeln sich in vorgelagerter Richtung entlang der Supply Chain auf.
[94] Vgl. Koschnike (2001), S. 282-288.
[95] Vgl. Christopher (1998), S. IX.
[96] Vgl. Schaltegger / Harms (2010), S. 1.

Betrachtet man die ökonomische Verantwortung, so ist zumeist nicht ganz klar, was unter ökonomischer Nachhaltigkeit zu verstehen ist.[97] Das Erwirtschaften von Gewinnen ist dabei keineswegs die einzige Ausprägung der ökonomischen Perspektive, Profitabilität ist allerdings die Voraussetzung für Unternehmen um andere wirtschaftliche Verpflichtungen gegenüber Aktionären, Mitarbeitern, Kunden, Lieferanten und auch dem Staat wahrzunehmen.[98] Wichtig ist hierbei, dass das Ziel eine langfristige Sicherung der Wirtschaftlichkeit von Unternehmen und Märkten ist und auf lange Sicht dem übergeordneten Zweck der Sicherung des Wohlstands dient,[99] ohne dabei die anderen beiden Säulen der Nachhaltigkeit aus den Augen zu verlieren.[100] Auch das Supply Chain Management leistet seinen Beitrag zur Profitabilität des Unternehmens. Faktoren wie die strategische Standortwahl, Bestandsverringerung, Minimierung von Transportkosten sowie die Wahl der richtigen Sourcing-Strategie, aber auch der Einsatz von Informations- und Kommunikationssystemen zum besseren Management der Netzwerkbeziehungen wirken je nach Ausprägung und Abstimmung mit der gesamten Unternehmensstrategie positiv auf den Wertbeitrag der Supply Chain.[101] Auch die flexible Gestaltung der gesamten Lieferkette, um sich an Marktveränderungen anpassen zu können, sowie Zuverlässigkeit in Bezug auf Zeit und Qualität sind beeinflussende Faktoren, die sich bei optimaler Ausgestaltung positiv auf die Wirtschaftlichkeit des Unternehmens auswirken.[102]

Die ökologische Perspektive richtet sich an den verantwortungsvollen Umgang mit erneuerbaren und nicht erneuerbaren Ressourcen, die nicht über ihre Reproduktions- bzw. Substitutionsrate hinaus genutzt werden sollen. Ebenso sollen Ökosystem und Atmosphäre nicht über die Absorptionsgrenze hinaus mit Emissionen oder anderen Schad- und Giftstoffen belastet werden,[103] aber auch Schutz der Artenvielfalt und Gesundheit des Menschen zählen zu ökologischen Faktoren.[104] Die Supply Chain lässt sich hinsichtlich ihres ökologischen Einflusses in drei Betrachtungsbereiche unterteilen: Zum ersten lässt sich die Struktur der Supply Chain hinsichtlich der geographischen Streuung und der Anzahl beteiligter Akteure betrachten. Eine globale Verteilung der Wertschöpfungsaktivitäten lässt beispielsweise auf ein höheres Transportaufkommen und somit eine höhere Umweltbelastung durch Emissionen und Ressourcenverbrauch schließen. Ebenso besteht bei einer hohen Anzahl an Mitgliedern in der gesamten

[97] Vgl. Loew et al. (2004), S. 68.
[98] Vgl. Höffe (2010), S. 40.
[99] Vgl. Koplin (2005), S. 22.
[100] Vgl. Koplin (2005), S. 29.
[101] Vgl. Chopra / Meindl (2007), S. 44-46.
[102] Vgl. Laupper (2004), S. 245-247.
[103] Vgl. Dyllick / Hockerts (2001), S. 133.
[104] Vgl. Enquete-Kommission (1998), S. 25.

Supply Chain die Forderung nach einer organisationsübergreifenden Betrachtung. Somit sollte auch die ökologische Ausrichtung der involvierten Einheiten ein Kriterium zur Auswahl der Kooperationspartner darstellen. Der nächste Bereich betrifft die produktionsbedingte Umweltbelastung. Die hier entstehenden Umweltbelastungen beziehen sich auf den Verbrauch von Ressourcen, die Entstehung von Emissionen und die Entsorgung von Abfall und Resten, die beim Produktionsprozess entstehen. Letztlich ist auch das Produkt auf seinen Umwelteinfluss zu betrachten. Hier spielen umwelt- und gesundheitsgefährdende Bestandteile des Produkts ebenso wie Entsorgung und Recycling eine Rolle.[105] Zur aktiven Umsetzung von Umweltbelangen in der Supply Chain existieren bereits konzeptionelle Überlegungen, wie z.B. Green SCM, Reverse SCM oder Closed-loop-SCM.[106]

Was konkret die soziale Dimension der Nachhaltigkeit ausmacht ist nicht einfach greifbar zu machen,[107] da der Begriff des „Sozialen" immer einer kontextabhängigen Betrachtung bedarf.[108] Sowohl auf der gesellschaftlichen als auch auf der individuellen Ebene können fünf Aspekte als Kernelemente der sozialen Nachhaltigkeitsdimension betrachtet werden: Die Sicherung der Existenz durch die Sicherung der Grundbedürfnisse und Menschenwürde, die Fähigkeit zur Entwicklung von sozialen Systemen, die Sicherung von sozialen Ressourcen wie Offenheit, Toleranz oder Integrationsfähigkeit, gleiche Möglichkeiten des Zugangs zu gesellschaftlichen Ressourcen wie Bildung, Gesundheitsversorgung oder Kultur sowie der Abbau von sozialer Diskriminierung und die Partizipation an gesellschaftlichen Entscheidungen aller Mitglieder einer Gesellschaft.[109] Als soziale Kernanforderungen an die Gestaltung der Supply Chain können in Anlehnung an die United Nations (UN) Global Compact die Beachtung der Menschenrechte, die Gestaltung der Arbeitsbedingungen analog internationaler Standards, die sowohl die Gestaltung des Arbeitsplatzes und -umfelds als auch die Vermeidung von Diskriminierung beinhalten, das Recht auf freie Wahl des Arbeitsplatzes und Vermeidung von Kinderarbeit gesehen werden.[110] Als am weitesten verbreitete Problembereiche des Supply Chain Managements in multinationalen Supply Chains hinsichtlich der Wahrnehmung von sozialer Verantwortung zählen nach einer Studie des Center for Research on Multinational Cooperation vor allem Kinderarbeit, mangelnde Versammlungs- und Tariffreiheit, nicht angemessener Lebensstandard und unfaire Preisniveaus. Mangelnde Transparenz in der

[105] Vgl. Sommer (2007), S. 83-87.
[106] Vgl. Sommer (2007), S. 98.
[107] Vgl. Koplin (2005), S. 30.
[108] Vgl. Empacher / Wehling (2002), S. 39.
[109] Vgl. Empacher / Wehling (2002), S. 46-52.
[110] Vgl. United Nations Global Compact (2010), S. 8-9.

Lieferkette sowie eine oft nicht ausreichende Gesetzgebung oder Verfolgung der bestehenden Gesetze stellen hier zusätzlich erschwerende Bedingung dar, um die oben genannten Problembereiche ausreichend verfolgen zu können.[111]

3.3 Möglichkeiten und Risiken des CSR-Managements in globalen Supply Chains

Der Begriff der Verantwortung lässt sich rechtsphilosophisch in die aktive Übernahme von Verantwortung und die passive Übernahme von Verantwortung, bei der man zur Rechenschaft gezogen wird, unterscheiden. Voraussetzung ist in jedem Fall, dass der Verantwortende auch der Verantwortungsübernahme fähig ist.[112] Überträgt man dies auf das fokale Unternehmen in der Supply Chain, so stellt sich die Frage, inwieweit das Unternehmen in der Lage ist, aktiv die Verantwortung für sein Handeln zu übernehmen und inwieweit es zum Beispiel von Non-Governmental Organizations[113] (NGOs) zur Rechenschaft gezwungen wird. Organisatorisch ist eine hierarchische Weisung durch das fokale Unternehmen hinsichtlich sozialer und ökologischer Standards nur in Beziehungen zu anderen Unternehmen möglich, bei denen durch Eigentumsverhältnisse eine Weisungslegitimität besteht. Da aber zunehmend externe Partner in die Wertschöpfungskette aufgenommen werden, führt vor allem die Frage nach dem Koordinationsmechanismus[114], das Problem zu komplexer Strukturen mit einer großen Anzahl an Lieferanten und Sublieferanten[115] und daraus resultierende Informationsasymmetrien[116] zu der Frage, inwieweit das fokale Unternehmen in der Lage ist, soziale und umweltbezogene Standards zu implementieren. In einer Befragung gaben zwei Drittel der befragten DAX-Unternehmen an, Produkte und Dienstleistungen aus 50 und mehr Ländern zu beziehen. Alle gaben an, eine Lieferbeziehung mit 250 Lieferanten und mehr zu unterhalten. Neben der hohen Anzahl von Lieferanten und Ländern zählen auch Kulturunterschiede zu komplexitätstreibenden Faktoren.[117] Besonders relevant für eine nachhaltige Supply Chain sind die Beziehungen in Länder, in denen keine gesetzlichen Umwelt- und Sozialanforderungen existieren oder deren Einhaltung und Kontrolle nicht vorausgesetzt werden kann.[118] Vor allem Entwicklungsländer sind von inhumanen Arbeitsbedingungen, einem hohen Verbrauch von natürlichen Ressourcen und dem Ausstoß von Emissionen betroffen.[119]

[111] Vgl. Opijnen / Oldenziel (2011), S. 15 & S. 23.
[112] Vgl. Höffe (2010), S. 36-37.
[113] In Deutsch: Nichtregierungsorganisation (NRO).
[114] Vgl. Stephan (2004), S. 38-39.
[115] Vgl. Mares (2010), S. 196-197.
[116] Vgl. Schneider / Schwerk (2010), S. 45.
[117] Vgl. Schaltegger / Harms (2010), S. 18-19.
[118] Vgl. OECD (2002), S. 1.
[119] Vgl. GRI (o.J.).

Besonders große Unternehmen mit bekannten Marken tragen das Risiko bei ökologischem oder sozialem Fehlverhalten innerhalb ihres Wertschöpfungsnetzwerks[120], da durch ihre wirtschaftliche Machtposition eine Einflussnahme erwartet wird.[121] Kleine und mittelständische Zulieferunternehmen aus Entwicklungsländern, die jenseits westlicher Umwelt- und Sozialstandards agieren, haben keine Angst vor Reputationsverlust.[122] Globale Marken, die einen hohen immateriellen Marktwert besitzen, können durch negative Schlagzeilen langfristig geschädigt werden.[123] Öffentlich angeprangertes Fehlverhalten und Gerichtsverfahren sind durchaus mit höheren Kosten auf den Kapitalmärkten verbunden. Kapitalgeber können dies als potenzielle Indikatoren für aufkommende Kosten wie Strafzahlungen, Umsatzrückgänge durch Imageverlust und auch einen Verlust des Markenwerts deuten, was die Kapitalbeschaffungskosten des Unternehmens erhöht.[124] Dies zeigt sich am Beispiel des Spielzeugherstellers Mattel, der in den Jahren 2006 und 2007 insgesamt 21 Millionen Spielzeuge zurückrufen musste. Auslöser hierfür waren ein Konstruktionsfehler von Seiten Mattels und das Benutzen von bleihaltiger Farbe, das auf einen Sublieferanten eines chinesischen Lieferanten zurückgeführt wird. Die Rückrufaktionen kosteten Mattel insgesamt 110 Mio. USD[125] und führten zu einem zwischenzeitlichen Absturz der Aktie um 25%[126] sowie eines Herunterstufens der Bonität durch die Ratingagentur Standard & Poor's.[127] Eine aktive CSR-Politik kann andererseits einen erleichterten Zugang am Kapitalmarkt induzieren, da so das Risiko von Sanktionen und deren finanzielle Auswirkung auf das Unternehmen vermieden werden kann.[128] Auf die Kapitalbeschaffungskosten von Eigen- und Fremdkapital wirkt explizit die ökologische Exponiertheit des Unternehmens. Energieintensive Unternehmen sind durch die Möglichkeit von verschärften Regulierungen und Klimaschutzbedingungen gefährdet, ebenso stellen volatile Energie- und Rohstoffpreise einen Risikofaktor dar. Beides führt zu einem als höher wahrgenommenen systematischen Risiko am Kapitalmarkt, was zu einer Erhöhung der Kapitalbeschaffungskosten führt. Bedingt durch die mangelnde Diversifikationsmöglichkeit des systematischen Risikos kann jedoch durch die Investitionen in alternative Energien und Ressourcen oder effizientere Prozesse das Risiko verringert werden und damit die Kapitalbeschaf-

[120] Vgl. Webby (2006), S. 1-2.
[121] Vgl. Mares (2010), S. 194.
[122] Vgl. Faisal (2010), S. 182-183.
[123] Vgl. Werther / Chandler (2005), S. 317-318.
[124] Vgl. Margolis / Elfenbein / Walsh (2007), S. 18-19.
[125] Vgl. Berman / Swani (2010), S. 40; Roloff / Aßländer (2010), S. 524-525.
[126] Vgl. Rooney (2007).
[127] Vgl. Goldman (2007).
[128] Vgl. Promberger / Spiess (2006), S. 27.

fungskosten beeinflusst werden.[129] Umwelt- und Sozialmaßnahmen bieten nicht nur hinsichtlich der Kapitalbeschaffung Kostensenkungspotenziale. Vor allem die Einsparung von Ressourcen, Material und Verpackung beim Produktionsprozess führen nicht nur zu positiven Umwelteffekten, sondern haben auch eine kostensenkende Wirkung.[130] Weniger Energieverbrauch und Emissionsausstoß führen auch zu einer geringeren steuerlichen Belastung wie beispielsweise durch die Energiesteuer. Darüber hinaus werden Investitionsanreize durch steuerliche Begünstigung von Umweltinvestitionen gegeben.[131]

Umsatzseitige Triebkräfte für die Berücksichtigung von CSR-Prinzipien entlang der Supply Chain sind der Einfluss auf die Kundenloyalität und das Image. Bedingt durch Berichterstattungen über Umwelt- und Arbeitsbedingungen entlang der gesamten Lieferkette in den Medien, sowie durch gezielte Aktionen von NGOs und anderen Interessengruppen, um den Verbrauchern Missstände bewusst zu machen, spielt die Berücksichtigung von Umwelt- und Sozialbedingungen entlang der Lieferkette eine Rolle. Eine aktive nachhaltige Ausrichtung der Supply Chain kann auch aus Kundensicht einen Mehrwert generieren und sich dank einer höheren Zahlungsbereitschaft und Loyalität beim Kauf positiv auf die Umsätze des Unternehmens auswirken.[132] In vielen Branchen wird der Trend spürbar, dass nicht mehr Kosten alleine ausschlaggebend für die Kaufentscheidung des Kunden sind.[133] Dem Marktsegment des „Lifestyle of Health and Sustainability“ (LOHAS), dessen Anhänger bewusst gesunde und nachhaltige Produkte konsumieren, sind 2007 bereits etwa 19% der US-Amerikaner[134] mit einem jährlichen Marktvolumen von 209 Milliarden USD zuzuordnen.[135] Exemplarisch für den negativen Einfluss öffentlicher Kampagnen auf Unternehmensimage und Kundenloyalität stehen die Kampagnen gegen den Sportartikelhersteller Nike (wegen schlechter Arbeitsbedingungen in den asiatischen Fertigungsbetrieben), gegen den Coca-Cola-Konzern (wegen Diskriminierung und Verfolgung von Gewerkschaftsmitgliedern in Kolumbien und umweltbelastender Produktion in Indien) und die Greenpeace-Kampagne gegen den Royal Dutch Shell-Konzern Mitte der 90er Jahre (wegen der geplanten Versenkung der Ölplattform „Brent Spar“ in der Nordsee und Einflussnahme auf die Umwelt und Politik in Nigeria).[136]

[129] Vgl. Schaltegger / Figge (1998), S. 13-16.
[130] Vgl. Schaltegger / Hasenmüller (2005), S. 13-14.
[131] Vgl. Schaltegger / Figge (1998), S. 13.
[132] Vgl. Mefford (2011), S. 112-114.
[133] Vgl. Promberger /Spiess (2006), S. 26.
[134] Vgl. Natural Marketing Institut (2007), S. 14.
[135] Vgl. o.V. (2008), S. 16.
[136] Vgl. Curbach (2009), S. 79-82.

Letztgenannte Aktion führte durch einen Kundenboykott zu erheblichen Umsatzeinbußen bei Shell und den Tankstellenbetreibern.[137]

Auch im Personalbereich birgt die Wahrnehmung von CSR einen potentiellen Nutzen für Unternehmen. Das Image als verantwortungsvolles Unternehmen kann sich zum einen bei der Werbung von hochqualifizierten Arbeitskräften, zum anderen durch eine niedrige Fluktuationsrate bezahlt machen.[138] Vor allem bei der Werbung von Arbeitskräften suggeriert eine hohe CSR-Aktivität des Unternehmens gute Arbeitsbedingungen. Aber auch die Identifikation der Mitarbeiter mit ihrem Arbeitgeber spielt eine Rolle.[139] Die Förderung einer guten Personalpolitik in Zulieferbetrieben bringt zusätzlichen Nutzen für das fokale Unternehmen. Hohe Fluktuationsraten können auch bei kleinen Zulieferbetrieben Auswirkungen auf die gesamte Supply Chain haben. Das immer wieder neue Anlernen von vor allem ungelernten Arbeitskräften in arbeitsintensiven Branchen kann Qualitätsprobleme und eine verringerte Produktivität mit sich bringen, die zu Verzögerungen in der Supply Chain führen.[140] Weiterbildung der Mitarbeiter und das Schaffen von guten Arbeitsbedingungen erhöht die Motivation der dortigen Arbeitnehmer, verringert die Fluktuation und wirkt sich positiv auf Qualitäts-, Produktivitäts- und Zuverlässigkeitsaspekte aus.[141] Dies belegt auch eine Studie von Frenkel und Scott (2002), die die Produktivität zweier chinesischer Zulieferfirmen von Adidas untersucht. Ein gemeinschaftliches Verhältnis von Lieferant und Käufer und die Implementierung von Arbeitsstandards betreffend höhere Löhne und weniger wöchentlichen Arbeitsstunden des einen Betriebs zeigte im Vergleich eine höhere Produktivität, eine geringere Ausschussquote und eine wesentlich niedrigere Arbeitnehmerfluktuation als bei dem vergleichbaren Zulieferbetrieb, der keine ernsthafte Implementierung der von Adidas vorgegeben Standards vornahm.[142] Die Wahrnehmung von CSR in der Supply Chain wird von Unternehmen mehr als Chance denn als Risiko betrachtet. Vor allem entstehende Kosten für die Implementierung von CSR-Maßnahmen, die nicht unmittelbar durch einen steigenden Umsatz kompensiert werden, bilden ein Kostenrisiko, wohingegen Reputation, Umsatzsteigerung und Innovationsförderung als Chancen wahrgenommen werden.[143] Zusätzliches Risiko besteht, wenn von dem

[137] Vgl. Greenpeace (2003).
[138] Vgl. Promberger /Spiess (2006), S. 26.
[139] Vgl. Greening / Turban (2000), S. 258-260.
[140] Vgl. Jiang / Baker / Frazier (2009), S. 169-171.
[141] Vgl. Mefford (2011), S. 121-123.
[142] Vgl. Frenkel / Scott (2002).
[143] Vgl. Schaltegger / Harms (2010), S. 2.

fokalen Unternehmen Formen von „greenwashing", „whitewashing" oder „bluewashing"[144] praktiziert werden.[145] Die bewusste Täuschung von Konsumenten und Öffentlichkeit über die ökologischen und sozialen Eigenschaften und Produktionsbedingungen können nachhaltig das Vertrauen von Konsumenten und Investoren in Firmen und sogar die gesamte Branche schädigen und die möglichen ökonomischen Vorteile von CSR-Praktiken zunichtemachen.[146]

---

[144] Greenwashing in Bezug auf ökologische Belange, bluewashing in Bezug auf die Erfüllung der UN Global Compact, whitewashing in Bezug auf die Vertuschung von Skandalen und Fehlverhalten.
[145] Vgl. Phillips / Caldwell (2005), S. 354.
[146] Vgl. Delmas / Burbano (2011), S. 64-65.

4 Einbindung von CSR-Perspektiven in die Unternehmensstrategie

4.1 Die Sustainability Balanced Scorecard als konzeptionelle Weiterentwicklung der Balanced Scorecard

4.1.1 Die Balanced Scorecard

Vor dem Hintergrund der steigenden Relevanz von ökologischen und sozialen Aspekten sowie des langfristigen Charakters von CSR besteht die Notwendigkeit, nachhaltige Aspekte in die strategische Ausrichtung des Unternehmens zu integrieren. Zur Vermeidung von Schnittstellenproblematiken bei der Implementierung eines separaten Managementsystems bietet die Balanced Scorecard eine Struktur, in der soziale und ökologische Aspekte neben der ökonomischen Ausrichtung integriert werden können.[147] Die Sustainability Balanced Scorecard (SBSC) sieht vor, die drei Säulen der Nachhaltigkeit in das Konzept der Balanced Scorecard zu integrieren, um durch erfolgreiche Umsetzung die Unternehmensleistung in allen drei Dimensionen zu verbessern.[148] Bevor die Möglichkeiten der Integration betrachtet werden, soll zunächst der Aufbau der Balanced Scorecard beschrieben werden.

Das ursprüngliche Konzept der Balanced Scorecard geht auf Robert S. Kaplan und David P. Norton in den 1990er Jahren zurück.[149] Die Grundidee des Konzepts umfasst eine Erweiterung der Finanzkennzahlensysteme um nicht-finanzielle Kennzahlen. Abgeleitet werden diese Kennzahlen nach dem top-down Prinzip von der übergeordneten Mission und strategischen Ausrichtung des Unternehmens. Dabei stellt die Balanced Scorecard keineswegs nur ein Kennzahlensystem von finanziellen und nicht-finanziellen Kennzahlen dar, sondern ist als strategisches Managementsystem zu begreifen. Neben dem Einbeziehen von finanziellen und nicht-finanziellen Kennzahlen bezieht sich das namensgebende Prinzip der Balance ebenfalls auf Größen, die sowohl die externe Perspektive (z.B. Kapitalgeber und Kunden) als auch die interne Perspektive (z.B. kritische Prozesse, Mitarbeiter) abbilden. Weiterhin geht es darum, die Balance zwischen objektiven Kennzahlen, die die Ergebnisse der Vergangenheit deskriptiv wiedergeben (lagging indicators), und zukunftsweisenden, meist sehr unternehmensspezifischen Leistungstreibern (leading indicatiors) zu finden.[150]

[147] Vgl. Mahammadzadeh (2003), S. 17.
[148] Vgl. Dyllick / Schaltegger (2001), S. 69-70.
[149] Vgl. Mahammadzadeh (2003), S. 11.
[150] Vgl. Kaplan / Norton (1997a), S. 7-10.

Strukturell besteht die Balanced Scorecard aus vier Perspektiven: der finanzwirtschaftlichen Perspektive, der Kundenperspektive, der internen Prozesse und der Lern- und Entwicklungsperspektive.[151] Die formulierte Strategie des Unternehmens wird in allen vier Perspektiven in Form von Zielen, Kennzahlen und Maßnahmen umgesetzt und verknüpft.[152]

Die in der finanzwirtschaftlichen Perspektive enthaltenen klassischen Finanzkennzahlen gelten als Indikatoren für wirtschaftliche Auswirkungen vergangener Entscheidungen und Maßnahmen. Sie zeigen grundsätzlich, welchen Effekt die Unternehmensstrategie in ihrer aktuellen Umsetzung auf das Unternehmensergebnis hat.[153] Eingesetzte Kennzahlen sind hier vor allem allgemeine, branchenunabhängige Maßgrößen. Als Shareholder-Value orientierte Kennzahlen können hier beispielsweise der Return on Capital Employed (ROCE) sowie Residualgewinngrößen wie der Economic Value Added (EVA) oder Cash Value Added (CVA) eingesetzt werden. Je nach Berücksichtigung der aktuellen Produktlebenszyklusphase sind auch Größen wie Umsatzwachstum oder der Cash Flow sinnvolle Instrumente.[154] Die Kennzahlen der finanzwirtschaftlichen Perspektive bilden den Endpunkt für alle perspektivenübergreifenden kausalen Beziehungen innerhalb der Balanced Scorecard. Ziel der Hervorhebung der monetären Perspektive ist es, alle für die Umsetzung der Unternehmensstrategie notwendigen Maßnahmen und Programme mit dem letztendlichen Ziel der künftigen Erfolgssteigerung des Unternehmens zu verbinden um die Ausführung als Selbstzweck zu vermeiden.[155]

Die Kundenperspektive steckt die Markt- und Kundensegmente ab, in denen das Unternehmen die Wettbewerbsfähigkeit sowie die langfristige Wertgenerierung zum Ziel hat. Somit zielt die hier festgelegte Strategie auf die Beeinflussung der Erlösseite ab. Die festgelegten Kennzahlen dienen als Maßstab für die Ermittlung der Leistungsfähigkeit in diesem Segment.[156] Kennzahlen können generische Ergebnisgrößen wie Kundenzufriedenheit, Neukundenakquisition, Kundenprofitabilität oder Marktanteile im definierten Segment sein. Zusätzlich sollten auch spezifische Kennzahlen verwendet werden, die die Kundenanforderungen sowie Wertvorstellungen umfassen.[157] Diese branchenspezifischen Leistungstreiber können in die Kategorien Produkt- / Serviceeigenschaften, Kundenbeziehungen sowie Image und Repu-

---

[151] Vgl. Kaplan / Norton (1997a), S. 23.
[152] Vgl. Mahammadzadeh (2003), S. 12.
[153] Vgl. Kaplan / Norton (1997a), S. 24.
[154] Vgl. Horvath / Kaufmann (1998), S. 20-21.
[155] Vgl. Kaplan / Norton (1997b), S. 328-329.
[156] Vgl. Kaplan / Norton (1997a), S. 62-63.
[157] Vgl. Kaplan / Norton (1997b), S. 321-322.

tation eingeteilt werden.[158] Die in der Kundenperspektive abgesteckten Handlungsfelder des Unternehmens bilden die Basis, um die in der finanzwirtschaftlichen Perspektive festgelegten Ziele absatzseitig zu realisieren.[159]

Die Identifikation kritischer Prozesse stellt den Inhalt der Perspektive der internen Geschäftsprozesse dar. Hier werden die erfolgskritischsten Prozesse für die Erreichung des Unternehmensziels herausgearbeitet und auf Verbesserungsmöglichkeiten hin untersucht.[160] Den internen Prozessen vorangegangen ist zum einen die Festlegung der Maßeinheit für den ökonomischen Erfolg sowie die Abgrenzung des Segments, in dem das Unternehmen operieren will. Die interne Perspektive fokussiert den kritischen Weg der Umsetzung derjenigen Prozesse, die sowohl die Kundenanforderungen des identifizierten Segments erfüllen als auch mit einer positiven Wirkung auf die Wirtschaftlichkeit die Ansprüche der Kapitalgeber decken.[161] Dabei beschränkt sich der Blickwinkel nicht nur auf bestehende Teile der Prozesskette, sondern integriert auch die Suche nach strategischem Verbesserungspotential und neuen Prozessen.[162] Die internen Prozesse können in vier Cluster unterteilt werden:

- Produktions- und Logistikprozesse: grundlegende operative Prozesse von der Beschaffung des Rohmaterials bis zum Vertrieb beim Kunden
- Kundenmanagementprozesse: Erweiterung und Vertiefung der Kundenbeziehungen
- Innovationsprozesse: Entwicklung neuer Produkte, Dienstleistungen und Prozesse
- Prozesse für gesetzliche und gesellschaftliche Normen: Management gesetzlich regulierter und darüber hinausgehender Anforderungen betreffend umweltbezogener und gesellschaftlicher Leistungen.[163]

Die vierte Perspektive der Balanced Scorecard, die Lern- und Entwicklungsperspektive, konzentriert sich auf die Schaffung der notwendigen Infrastruktur, um die Ziele der drei vorangegangenen Perspektiven zu realisieren.[164] Organisationales Lernen sowie eine ständige Weiterentwicklung von Mitarbeitern, Systemen und Prozessen stellen die notwendigen Determinanten dar, um die Ziellücken innerhalb der Balanced Scorecard zu schließen und Potentiale optimal zu nutzen. Die sich langfristig ändernden Anforderungen sollen so antizipiert werden, um langfristigen Wert für Kunden und Kapitalgeber erwirtschaften zu können. Hierfür kön-

[158] Vgl. Kaplan / Norton (1997a), S. 71.
[159] Vgl. Horvath / Kaufmann (1998), S. 21.
[160] Vgl. Kaplan / Norton (1997a), S. 25-26.
[161] Vgl. Kaplan / Norton (2004), S. 38.
[162] Vgl. Horvath / Kaufmann (1998), S. 22.
[163] Vgl. Kaplan / Norton (2004), S. 38-42.
[164] Vgl. Kaplan / Norton (1997a), S. 27.

nen ebenfalls generische Kennzahlen wie Mitarbeiterzufriedenheit, Fluktuationsraten aber auch spezifische Kennzahlen, die etwa Fähigkeiten in einem neuen Wettbewerbsumfeld betreffen, eingesetzt werden.[165]

Die Anzahl an Perspektiven ist dabei nicht deterministisch auf vier beschränkt. Wenn die Notwendigkeit besteht, kann die Anzahl der Perspektiven durchaus erweitert werden. Zu beachten ist dabei allerdings, dass eine Erweiterung nur um wettbewerbsrelevante Faktoren geschieht, sodass die Übersichtlichkeit erhalten bleibt. Die Balanced Scorecard kann einerseits für die gesamte Unternehmensebene, genauso aber für einzelne strategische Geschäftseinheiten formuliert werden.[166] Die kausale Kette von Beziehungen zwischen den gesteckten Zielen und den definierten Kennzahlen, die alle vier Perspektiven durchläuft, hat zum Ziel, in der Balanced Scorecard einen Spiegel der definierten Unternehmensstrategie und -vision zu schaffen.[167] In der SBSC werden neben den ökonomischen auch die ökologischen und sozialen Ziele in die Ursache-Wirkungs-Kette integriert und mit Kennzahlen, Vorgaben und Maßnahmen strategiefokussiert dargestellt.[168] Neben Steuerung und Kontrolle dient die SBSC auch zur frühzeitigen Identifizierung von Konflikten zwischen den drei Nachhaltigkeitsdimensionen.[169]

4.1.2 Architektur und Umsetzung der SBSC

Um soziale und ökologische Ziele in die bestehende Balanced Scorecard zu integrieren gibt es verschiedene Möglichkeiten der Ausgestaltung, die hinsichtlich des Grads der Integration als auch der strategischen Bedeutung unterschieden werden können.[170]

Zunächst besteht die Möglichkeit einer lediglich partiellen Integration. Hierbei werden ein oder zwei ökologische oder soziale Ziele in die Perspektiven der Balanced Scorecard aufgenommen, auf die sie strategisch relevanten Einfluss haben.[171] So stellt beispielsweise ein effizienterer Ressourcen- oder Energieverbrauch eine treibende Größe hinsichtlich der Prozesskosten dar, die als Ergebniskennzahl in die Perspektive der internen Geschäftsprozesse einfließt.[172] Meist stellen die Perspektive der internen Geschäftsprozesse oder die Kundenper-

[165] Vgl. Kaplan / Norton (1997b), S. 324-325.
[166] Vgl. Kaplan / Norton (1997a), S. 33-35.
[167] Vgl. Kaplan / Norton (1997b), S. 328-329.
[168] Vgl. Dyllick / Schaltegger (2001), S. 70.
[169] Vgl. Schaltegger / Dyllick (2002), S. 37-38.
[170] Vgl. Dyllick / Schaltegger (2001), S. 70.
[171] Vgl. Gminder et al. (2002), S. 121.
[172] Vgl. Dyllick / Schaltegger (2001), S. 70.

spektive Ansatzpunkte für eine partielle Integration dar.[173] Ökologische oder soziale Kennzahlen und Ziele, die zwar unter Nachhaltigkeitsgesichtspunkten relevant sind, jedoch keinen maßgeblichen Beitrag zur Umsetzung der Unternehmensstrategie leisten, werden nicht in die Balanced Scorecard aufgenommen.[174] Die partielle Integration ist ein erster Ansatz, um die Aufmerksamkeit für soziale wie ökologische Aspekte zu wecken,[175] ist aber nicht ausreichend, um den Einfluss und die Wirkung dieser Aspekte auf die ökonomische Perspektive zu skizzieren. Eine besondere Form der partiellen Integration stellt die Aggregation von sozialen und ökologischen Zielen in Form eines Indexes dar.[176]

Im Gegensatz zum partiellen Ansatz hat die Integration von sozialen und ökologischen Aspekten in alle Perspektiven der Balanced Scorecard eine höhere Signalwirkung hinsichtlich der Relevanz von CSR in der strategischen Ausrichtung des Unternehmens.[177] Strategisch relevante soziale und ökologische Leistungstreiber und Ergebniskennzahlen werden Teil aller vier Perspektiven. So werden sie automatisch in die Ursache-Wirkungs-Ketten der bestehenden Balanced Scorecard eingefügt und nehmen durch ihr Potenzial in jeder Perspektive Einfluss auf den finanziellen Erfolg des Unternehmens sowie auf die erfolgreiche Umsetzung der gesamten Unternehmensstrategie.[178] Diese Art der Integration spielt vor allem für solche Umwelt- und Sozialthemen eine Rolle, die bereits Bestandteil der marktlichen Ausrichtung sind:[179] Wenn beispielsweise das Unternehmen das Marktsegment der LOHAS als seinen Zielmarkt identifiziert hat, ist die Ergebniskennzahl des Marktanteils mit einer CSR-Ausrichtung zu erreichen. Vor allem Unternehmen, die bereits eine Balanced Scorecard implementiert haben und soziale und ökologische Aspekte darin involvieren möchten, müssen mit der Integration in alle vier Perspektiven bestehende Strukturen nicht anpassen.[180] Von Vorteil ist diese Variante auch für kleine und mittelständische Unternehmen, da hier Aufwand und Umfang bei der Integration den Möglichkeiten der Unternehmen eher gerecht werden.[181] Nachteilig bei dieser Integrationsvariante ist, dass die bestehenden Perspektiven durch das Hinzufügen weiterer Kennzahlen leicht überladen werden können.[182] Ursprünglich soll die

[173] Vgl. Butler / Henderson (2011), S. 5.
[174] Vgl. Gminder et al. (2002), S. 121.
[175] Vgl. Bieker / Waxenberger (2002), S. 7.
[176] Vgl. Gminder et al. (2002), S. 121-122.
[177] Vgl. Bieker / Waxenberger (2002), S. 7.
[178] Vgl. Figge et al. (2002a), S. 274.
[179] Vgl. Hahn et al. (2002), S. 56.
[180] Vgl. Butler / Henderson (2011), S. 5.
[181] Vgl. Arnold / Freimann / Kurz (2005), S. 163.
[182] Vgl. Hahn et al. (2002), S. 57.

Balanced Scorecard mit 15-20 Kennzahlen auskommen um ihre Transparenz zu bewahren.[183] Um dieser Entwicklung entgegenzuwirken, wäre eine Aggregation von sozialen und ökologischen Kennzahlen notwendig.[184] Bei dem Versuch der Aggregation besteht jedoch das Problem, dass ökologische und soziale Maßzahlen in den seltensten Fällen über eine gemeinsame Einheit verfügen.[185] Auch stellt die Fokussierung auf Umwelt- und Sozialindikatoren, die unmittelbar auf das marktliche Umfeld des Unternehmens wirken, ein Problem hinsichtlich der Messung der absoluten ökologischen und sozialen Effektivität dar. Für weitere Maßzahlen, die für diese Auskunft eventuell nötig wären, stellen die vier auf den Wettbewerb ausgerichteten Perspektiven der Balanced Scorecard einen zu engen Rahmen dar.[186]

Das Grundkonzept der Balanced Scorecard bietet Spielraum für die Integration einer fünften Perspektive. Die Einführung einer Nicht-Markt- bzw. Gesellschaftsperspektive ist jedoch nur dann gerechtfertigt, wenn diese zur Schaffung von Wettbewerbsvorteilen beitragen kann.[187] Die hier enthaltenen sozialen und ökologischen Gesichtspunkte sollten auf jeden Fall von strategischer Relevanz sein. Vor allem bietet sich jedoch die fünfte Perspektive an, wenn die Umwelt- und Sozialaspekte nicht direkt im marktlichen Wirkungsmechanismus ergriffen werden. Diese wettbewerbsexternen Gesichtspunkte stellen trotzdem strategisch relevante Punkte dar, da gerade soziale und ökologische Aspekte über andere Mechanismen als den Markt auf das Unternehmen wirken können.[188] Dies ist vor allem in umweltsensiblen und sozial exponierten Branchen der Fall, die vielen gesetzlichen Auflagen und Stakeholderdruck ausgesetzt sind und im öffentlichen Interesse von NGOs stehen.[189] Kinderarbeit in der Textilbranche oder die Erfüllung von Umweltauflagen über die gesetzlichen Anforderungen hinaus in der Chemie- oder Ölbranche stellen beispielsweise nicht-marktliche Faktoren dar, die die Wettbewerbssituation beeinflussen können.[190] Zwar sind in der Nicht-Markt-Perspektive eingeordnete ökologische und soziale Aspekte kein direkter Bestandteil der marktbezogenen Wirkungs-Kette innerhalb der vier Grundperspektiven, sie können aber trotzdem direkt auf die Finanzperspektive und über die drei nachgelagerten Perspektiven Einfluss auf die Werterzielung nehmen. Die fünfte Perspektive kann als Rahmenbedingung der vier traditionellen Perspektiven gesehen werden. Die Kennzahlen und Maßnahmen der Nicht-Markt-Perspektive

[183] Vgl. Kaplan / Norton (1993), S. 135.
[184] Vgl. Hahn et al. (2002), S. 57.
[185] Vgl. Figge / Hahn (2002a), S. 4.
[186] Vgl. Hahn et al. (2002), S. 57.
[187] Vgl. Deegen (2001), S. 22.
[188] Vgl. Figge et al. (2002b), S. 8-9.
[189] Vgl. Deegen (2001), S. 23.
[190] Vgl. Epstein / Wisner (2001), S. 5.

werden in ihrer Wirkungsweise in die bestehende hierarchische Ursache-Wirkungs-Kette integriert. So wird die Nicht-Markt-Perspektive mit den vier Perspektiven der ursprünglichen Balanced Scorecard in Verbindung gesetzt und in ein wertorientiertes und strategisch ausgerichtetes Management integriert.[191] Durch eine separate Darstellung in einer fünften Perspektive werden Umwelt- und Sozialaspekte betont. Die gleichberechtigte Integration der zum Teil außerhalb des Marktmechanismus liegenden sozialen und ökologischen Ziele signalisiert strategische Relevanz.[192] Ebenso birgt die separate Darstellung die Gefahr, dass Umwelt- und Sozialaspekten ein isolierter Sonderstatus zukommt, deren Verantwortung innerhalb des Unternehmens nur schwer zuweisbar ist. Die Fokussierung auf soziale und ökologische Ziele in einer eigenen Perspektive kann ebenfalls dazu führen, dass nicht strategisch relevante Ziele subsummiert werden und diesen damit eine zu hohe Gewichtung zukommt.[193] Um eine Isolation der fünften Perspektive zu vermeiden muss eine klare Verknüpfung zu den anderen Perspektiven stattfinden.[194] Doch gerade die Integration in die Beziehungsketten der bestehenden vier Perspektiven kann sich als problematisch darstellen. Nicht alle vornehmlich weichen Faktoren einer Nicht-Markt-Perspektive lassen sich problemlos mit ökonomischen Messgrößen in Verbindung bringen, da sie zum Teil nicht dem preisbezogenen Marktmechanismus unterliegen.[195]

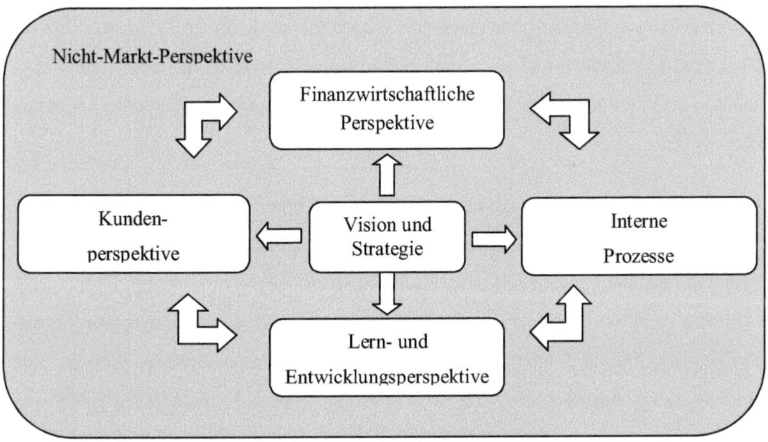

Abb. 4: Erweiterung der BSC um eine fünfte Perspektive[196]

[191] Vgl. Figge et al. (2002a), S. 274-275.
[192] Vgl. Gminder et al. (2002), S. 122.
[193] Vgl. Hahn et al. (2002), S. 60.
[194] Vgl. Butler / Henderson (2011), S. 4.
[195] Vgl. Hahn et al. (2002), S. 61.
[196] Eigene Darstellung in Anlehnung an Hahn et al. (2002), S. 59.

Eine weitere Integrationsform stellt die Ableitung einer gesonderten Umwelt-und/oder Sozial-Scorecard aus einer bestehenden Balanced Scorecard dar. Dies eignet sich, wenn die sozialen und ökologischen Aspekte vor allem durch Leistungstreiber formuliert werden, die in einer eigenen Scorecard zusammengefasst dargestellt werden können. Inhaltlich werden keine neuen oder unabhängigen Ziele formuliert, sondern lediglich aus der übergeordneten Balanced Scorecard deduziert.[197] Somit steht sie nicht als paralleles Zielsystem neben einer bereits implementierten Scorecard sondern stellt eine Erweiterung der vorherig genannten Integrationsvarianten dar,[198] die vornehmlich koordinative und organisatorische Aufgaben wahrnimmt. Die separate Umwelt- und Sozial-Scorecard stellt vor allem ein Instrument für die CSR-Verantwortlichen in Unternehmen und Konzernen oder Umwelt- und Sozialabteilungen dar. [199] Vorteilhaft bei dieser Integrationsvariante ist, dass sämtliche über das Balanced Scorecard-System verteilten ökologischen und sozialen Elemente in einer eigenständigen Scorecard gezielt koordiniert und gesteuert werden können. Ebenfalls werden in einer eigenständigen Scorecard die Abbildung von ökologischer und sozialer Effektivität sowie die weitere Ausdifferenzierung der Kernkennzahlen aus der primären Scorecard ermöglicht. Als problematisch erweist sich die organisatorische Integration der Verantwortlichkeit für den Inhalt der Umwelt- und Sozial-Scorecard in das bestehende Liniensystem. Eine koordinierende Stabsstelle wäre ein möglicher Lösungsansatz. Jedoch gilt es dann, die Verantwortung für das Erreichen der ökologischen und sozialen Ziele zu koordinieren, da die Stabsstelle lediglich Maßnahmen initiieren kann. Die Umsetzung obliegt den operativ ausführenden Einheiten im Liniensystem.[200]

Die Integration von Umwelt- und Sozialaspekten über eine fünfte Perspektive und die Integration in alle vier Perspektiven der Balanced Scorecard stellen keine sich gegenseitig ausschließenden Varianten dar. Die Prüfung auf strategische Relevanz beantwortet dabei auch nur die Frage, ob Umwelt- und Sozialfaktoren in die Balanced Scorecard aufgenommen werden sollen. Die Notwendigkeit einer fünften Perspektive stellt sich, wenn es nicht möglich ist, eine vollständige Integration der als strategisch wichtig identifizierten Aspekte in die bereits bestehenden Perspektiven vorzunehmen.[201] Generell sollte die Entscheidung über die Integrationsvariante nicht fix im Vorfeld getroffen werden, sondern inkrementell im Formulierungsprozess einer Sustainability Balanced Scorecard geschehen. Die Formulierung einer eigen-

[197] Vgl. Dyllick / Schaltegger (2001), S. 70-71.
[198] Vgl. Figge et al. (2002b), S. 9.
[199] Vgl. Dyllick / Schaltegger (2001), S. 71.
[200] Vgl. Hahn et al. (2002), S. 62-63.
[201] Vgl. Figge et al. (2002b), S. 10-11.

ständigen Umwelt- und Sozial-Scorecard umfasst dabei weniger die Frage des generellen Aufbaus der Sustainability Balanced Scorecard, da sie eine übergeordnete Balanced Scorecard als Voraussetzung hat.[202] Für welche Organisationsbereiche die Sustainability Scorecard gültig sein soll, ob für einzelne Geschäftseinheiten oder unternehmensweit, ist von den praktischen Gegebenheiten abzuleiten.[203]

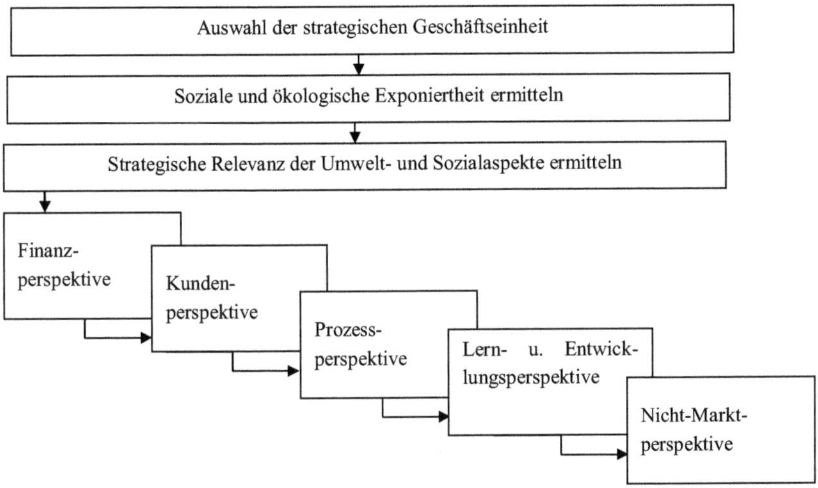

Abb. 5: Schritte zur Formulierung einer SBSC[204]

Die systematische Eingliederung von Umwelt- und Sozialaspekten kann in drei Schritte unterteilt werden. Im ersten Schritt steht die Wahl der strategischen Geschäftseinheit an, für die eine SBSC formuliert werden soll. Die Strategie dieser Geschäftseinheit stellt den Ausgangspunkt dar. Im zweiten Schritt wird die ökologische und soziale Exponiertheit ermittelt. Faktoren wie die Spezifika des Produktionsprozesses, die Eigenschaften der produzierten Produkte oder die Wahl des Standorts haben je nach Ausprägung unterschiedliche soziale und ökologische Wirkungsfelder. Es gilt die spezifischen Umwelt- und Sozialaspekte zu ermitteln, die potenziell eine strategische Relevanz für das Unternehmen oder die Geschäftseinheit haben könnten. Die hier identifizierten Aspekte werden im dritten Schritt auf ihre strategische Relevanz untersucht. Dem logischen Aufbau der Balanced Scorecard folgend werden die Aspekte top-down gerichtet in jeder Perspektive geprüft. Begonnen wird in der Finanzperspektive,

[202] Vgl. Hahn et al. (2002), S. 63 u. S. 68.
[203] Vgl. Dyllick / Schaltegger (2001), S. 71.
[204] Eigene Darstellung in Anlehnung an Figge et al. (2002a), S. 277.

gefolgt von der Kunden-, Prozess- und Lern- und Entwicklungsperspektive. Letztlich wird auch die strategische Relevanz in Bezug auf die Nicht-Markt-Perspektive geprüft, um auch die außerhalb des Marktsystems liegenden Aspekte zu integrieren.[205]

4.1.3 Kritische Betrachtung der SBSC

Der erfolgreichen Implementierung von CSR steht eine Reihe von Problemen gegenüber. Umwelt- und Sozialeffekte an sich, wie auch ihre Erfolgswirksamkeit für das Unternehmen, lassen sich meist nur schwer mit monetären Kennzahlen verdeutlichen und haben oft einen mittel- bis langfristigen Wirkungshorizont.[206] Die Kosten für die Implementierung von CSR-Maßnahmen stehen jedoch unmittelbar im Blickfeld von Managemententscheidungen.[207] Die erfolgreiche und nachhaltig wirksame Implementierung von CSR verlangt zudem zeitliche, finanzielle und personelle Ressourcen ebenso wie die Akzeptanz und das „Vorleben“ durch das Management. Die Einführung von Umwelt- und Sozialmanagementsystemen in ausgegliederten Systemen abseits der Linienorganisation birgt die Gefahr, dass Chancen und Risiken bei strategischen Entscheidungen aus dem Blick zu verschwinden drohen und die Verantwortlichkeit nicht klar definiert ist. Die Notwendigkeit, die gesamte Wertschöpfungskette in die Betrachtung mit einzubeziehen, erhöht zusätzlich die Komplexität, den Koordinations- und Kommunikationsaufwand. Um diesen Problemen entgegenwirken zu können ist es notwendig, Umwelt- und Sozialaspekte in der Unternehmensstrategie und den bestehenden Managementsystemen unter Akzeptanz der obersten Führungsebene zu implementieren.[208]

Die Balanced Scorecard als strategisches Managementinstrument bietet dabei die Möglichkeit, ökologische und soziale Aspekte sowohl von der Strategie bis zu täglichen Entscheidungen und Aktivitäten im Unternehmen einzubinden.[209] Voraussetzung ist dabei eine bestehende Strategie. Sowohl eine wirtschaftliche Strategie auf Unternehmensebene als auch eine Umwelt- und Sozialstrategie für die Weiterentwicklung zur Sustainability Balanced Scorecard sind notwendig, da das Scorecard-Konzept in erster Linie ein Werkzeug zur Strategieumsetzung und nicht zur Strategieformulierung ist.[210] Die Herausforderung stellt sich hierbei für die Unternehmens- und CSR-Strategie gleichermaßen. Die Vision und Strategie des Unterneh-

[205] Vgl. Dyllick / Schaltegger (2001), S. 71; Figge et al. (2002a), S. 276-277; Hahn et at. (2002), S. 69-70.
[206] Vgl. Schaltegger / Hasenmüller (2005), S. 18.
[207] Vgl. Epstein / Wisner (2001), S. 3.
[208] Vgl. Schaltegger / Hasenmüller (2005), S. 18-20.
[209] Vgl. Arnold / Freimann / Kurz (2001), S. 57.
[210] Vgl. Gminder et al. (2002), S. 126.

mens muss auch auf operationaler Ebene realisierbar sein.[211] Vor allem die Formulierung einer CSR-Strategie stellt sich, schon bedingt durch die Heterogenität der Definition als nicht einfach dar (siehe Kapitel 2.1). Kann die aufgestellte Strategie, die öffentlich kommuniziert wurde, nicht operativ in einem klaren Leitbild in allen Hierarchieebenen umgesetzt werden, besteht die Gefahr des Vertrauensverlusts der Öffentlichkeit[212] mit einer möglicherweise folgenden Schädigung der Wirtschaftlichkeit.

Als geeignet erscheint die Integration von Umwelt- und Sozialaspekten über die Balanced Scorecard vor allem dadurch, dass sie neben monetären Kennzahlen auch Platz für weiche und nicht-monetäre Faktoren bietet. Dies kommt den Charakteristika ökonomischer und sozialer Aspekte entgegen, die oft nicht monetär quantifizierbar sind.[213] Sie ist flexibel in ihrer Struktur; Perspektiven und Ziele können individuell an der spezifischen Unternehmenssituation ausgerichtet werden. So können über eine fünfte Perspektive auch diejenigen relevanten ökonomischen und sozialen Problemstellungen berücksichtigt werden, die bei einer rein marktlichen Betrachtung nicht integriert worden wären. Da in der Balanced Scorecard sowohl vergangenheitsorientierte Ergebniskennzahlen als auch zukunftsorientierte Leistungstreiber vorhanden sind, kann so auch die langfristige Ausrichtung von CSR antizipiert werden. Das Skizzieren von Ursache-Wirkungs-Ketten mit dem Ziel, positive Einflüsse auf die Finanzperspektive aufzuzeigen,[214] ist vor allem für die Akzeptanz von Umwelt- und Sozialmaßnahmen wichtig. So werden sie nicht nur als Kostenfaktor dargestellt, es wird auch ihr positiver Einfluss aufgezeigt.[215] Inhaltlich ist die Balanced Scorecard nicht auf die Umsetzung einer Strategie festgelegt, sondern kann sowohl für eine wertorientierte Ausrichtung von CSR[216] als auch nachhaltigkeitsorientierte Wettbewerbsstrategien verwendet werden.[217]

Als Kritikpunkt der Sustainability Balanced Scorecard ist aus Nachhaltigkeitssicht die Hierarchisierung der Perspektiven mit einer klaren Priorität auf dem ökonomischen Erfolg des Unternehmens zu nennen. Bei der Umsetzung werden nur diejenigen Umwelt- und Sozialaspekte in die vier bzw. fünf Perspektiven aufgenommen, die einen lückenlosen Einfluss auf die Kausalkette zur Steigerung des Unternehmenserfolgs aufweisen.[218] Hierbei besteht die Gefahr,

[211] Vgl. Asmussen (2009), S. 81.
[212] Vgl. Gminder et al. (2002), S. 144.
[213] Vgl. Dyllick / Schaltegger (2001), S. 70.
[214] Vgl. Schaltegger / Dyllick (2002), S. 38-39.
[215] Vgl. Epstein / Wisner (2001), S. 3.
[216] Vgl. Schaltegger / Dyllick (2002), S. 39.
[217] Vgl. Gminder et al. (2002), S. 108-112.
[218] Vgl. Arnold / Freimann / Kurz (2001), S. 57-58.

dass der Umwelt- und Sozialbezug zu eng gefasst wird. Weiterhin übt das Unternehmen ökologischen und sozialen Einfluss aus, der nicht in der Sustainability Balanced Scorecard erfasst wird und somit Angriffsflächen für öffentliche Kritik und Anprangerung nicht vollständig beleuchtet.[219]

Die wertorientierte Integration von Umwelt- und Sozialaspekten durch die Sustainability Balanced Scorecard ist jedoch von zentraler Bedeutung für das Unternehmen. Für Unternehmen mit einer angespannten wirtschaftlichen Lage stellen Kosten, denen kein wirtschaftlicher Nutzen gegenübersteht, zu eliminierende Faktoren dar. Wird hier nicht klar auf einen Beitrag zur Wertsteigerung von ökologischen und sozialen Aspekten verwiesen, werden Unternehmen in Krisenzeiten diese Maßnahmen einstellen. Außerdem stellt ein Unternehmen, das mit der Implementierung von CSR-Maßnahmen Wert oder sogar Wettbewerbsvorteile generiert, ein potenzielles Vorbild für andere Unternehmen dar, was aus der makroökonomischen Perspektive wünschenswert wäre. Sozial und ökologisch positiv wirkende Aktivitäten, die nicht zu einer langfristig positiven ökonomischen Entwicklung beitragen, widersprechen sowohl dem Konzept von CSR, bei dem die Wirtschaftlichkeit als Grundvoraussetzung gesehen wird, als auch dem Konzept der Nachhaltigkeit, bei dem die ökonomische Nachhaltigkeit explizit durch eine eigene Dimension integriert ist.[220]

4.2 Implikationen auf das Supply Chain Management

4.2.1 Bedeutung eines nachhaltigen Supply Chain Managements für die Umsetzung von CSR in der Unternehmensstrategie

Für die Implementierung von CSR in die Ausrichtung des Unternehmens hat das Supply Chain Management als unternehmensstrategische Determinante eine nicht zu unterschätzenden Bedeutung.[221] Vor allem im Kontext der Internationalisierung der Upstream-Aktivitäten haben ökologische und soziale Faktoren entlang der Supply Chain Einflusspotenzial auf den Geschäftserfolg des fokalen Unternehmens.[222]

Die soziale und ökologische Exponiertheit entlang der Supply Chain kann sich je nach Branchenzugehörigkeit, Internationalisierungsgrad und Unternehmensgröße unterschiedlich ausge-

[219] Vgl. Gminder et al. (2002), S. 144.
[220] Vgl. Figge et al. (2001), S. 10.
[221] Vgl. Ernst & Young (2008), S. 5.
[222] Vgl. Schaltegger / Harms (2010), S. 3.

stalten und führt somit zu unterschiedlichen Ausgangssituationen für die Unternehmen.[223] So ist die Textil- und Sportartikelindustrie durch eine arbeitsintensive Produktion mit geringen Qualifikationsanforderungen gekennzeichnet und begegnet damit vor allem sozialen Problematiken bezüglich der Arbeitsbedingungen entlang der Supply Chain. Aber auch der Wasserverbrauch und der Einsatz von Pestiziden beim Baumwollanbau fallen in den Betrachtungsbereich der Supply Chain. Die Automobilindustrie steht hingegen primär einer ökologischen Exponiertheit gegenüber. Bedingt durch die Produkteigenschaften verteilen sich die Umweltproblematiken wie Energie-, Wasser- oder Ressourcenverbrauch hier auf vorproduktgruppenspezifische Aspekte wie beispielsweise bei der Herstellung von gegossenen Metallteilen, elektronischen Bauteilen sowie Glas und Kunststoffteilen. Soziale Problemstellungen sind bedingt durch den weiteren Ausbau der Zulieferbeziehungen in den asiatischen Raum eher auf unteren Zulieferebenen zu finden.[224]

Strategisch relevante Einflussmöglichkeiten ökologischer und sozialer Belange in der Supply Chain auf die Unternehmensstrategie lassen sich in einer Strategy Map skizzieren. Die Strategy Map ist ein Instrument zur Darstellung der Ursache-Wirkungs-Beziehungen zwischen den Perspektiven der Balanced Scorecard. Die Strategy Map soll dabei das Verbindungsglied zwischen Strategieformulierung und –realisierung bilden.[225] Mögliche Einflussbereiche eines nachhaltigen Supply Chain Managements sollen an der Strategy Map einer Sustainability BSC für ein exemplarisches Unternehmen beispielhaft dargestellt werden. Im Folgenden soll die Perspektive des fokalen Unternehmens eingenommen werden.

[223] Vgl. Schaltegger / Harms (2010), S. 10-11.
[224] Vgl. Loew et al. (2005), S. 14-15 & 22.
[225] Vgl. Kaplan / Norton (2004), S. 9.

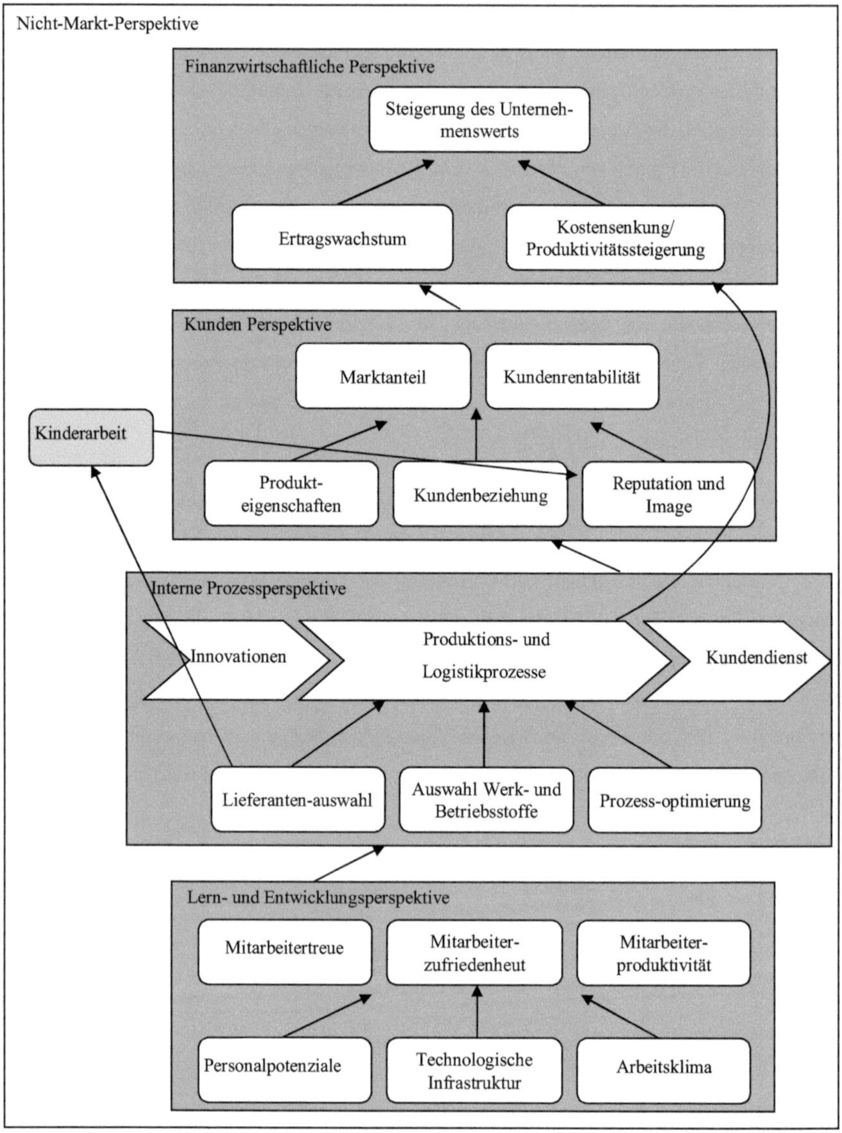

Abb. 6. Strategy Map einer SBSC[226]

Die Finanzperspektive spiegelt zum einen die finanzielle Erwartung an die Unternehmensstrategie, bildet aber auch den Zielpunkt für die Ursache-Wirkungs-Bezüge der anderen Perspek-

[226] Eigene Darstellung in Anlehnung an Figge et al. (2002a), S. 282.

tiven in der Sustainability Balanced Scorecard.[227] Zur Erfüllung der erwarteten Wertsteigerung stehen in der Finanzperspektive allgemein formuliert zwei Hebel zur Verfügung: Ertragswachstum und Steigerung der kostenseitigen Produktivität. Das Ertragswachstum lässt sich durch das Erschließen neuer Märkte und Kunden und durch die Wertsteigerung für bestehende Kundengruppen realisieren. Kostenseitig lässt sich eine höhere Produktivität durch die Reduktion der direkten und indirekten Kosten als auch eine effektivere Nutzung von Vermögenswerten realisieren.[228] Bedingt durch die Funktion als Endpunkt der Ursache-Wirkungs-Ketten und zur Sicherstellung der wertorientierten Ausrichtung gibt es in der Regel in der Finanzperspektive keine Ergebniskennzahlen mit direktem Umwelt- oder Sozialbezug. Als Kernelement werden hier konventionelle Finanzkennzahlen eingesetzt. Soziale und ökologische Aspekte besitzen somit einen instrumentellen Charakter. Treibende Größen der Finanzperspektive stellen in erster Linie die darunter liegenden Perspektiven dar.[229]

In der Kundenperspektive wird zunächst das Kundensegment identifiziert, in dem das Unternehmen sein strategisches Zielsegment sieht. Zentrale Frage ist hier, mit welchem Wertangebot an den Kunden die Kundenperspektive positiv auf die finanziellen Ziele wirken kann.[230] Strategische Kernelemente, die die Verknüpfung zur Finanzperspektive bilden, sind vor allem der Marktanteil und die Kundenrentabilität. Eine ökologische oder soziale Ausrichtung der Kernelemente in der Kundenperspektive ist vor allem dann zu finden, wenn das angestrebte Kundensegment unmittelbaren Bezug zu sozialen und ökologischen Aspekten hat wie beispielsweise das der LOHAS. Hier würde sich der Marktanteil direkt auf den Markt der nachhaltigkeitsbewussten Konsumenten beziehen. Exemplarisch hierfür steht das Konzept des Kosmetikartikelherstellers The Body Shop International Public Limited Company[231]. Das Unternehmen adressiert Konsumenten, die bewusst auf nachhaltige Produkte achten. Vor allem betont The Body Shop den hohen Stellenwert von sozialer und ökologischer Verantwortung in der Beschaffung, der explizit als Teil der Unternehmensstrategie definiert ist.[232] Leistungstreiber für die Kernelemente der Kundenperspektive stellt das Wertangebot (value proposition) an den Kunden dar. Je nach unternehmensspezifischer Wettbewerbsstrategie können die relevanten Leistungstreiber in drei Kategorien eingeteilt werden: Produkt- / Dienstleis-

---

[227] Vgl. Kaplan / Norton (1997a), S. 46.
[228] Vgl. Kaplan / Norton (2000), S. 170.
[229] Vgl. Hahn et al. (2002), S. 80-81.
[230] Vgl. Kaplan / Norton (1997a), S. 71.
[231] Im Folgenden The Body Shop.
[232] Vgl. The Body Shop (2011), S. 16.

tungseigenschaften, Kundenbeziehung sowie Image und Reputation.[233] Vor allem im Hinblick auf die Unternehmensreputation sehen Unternehmen die strategischen Einflussmöglichkeiten von einem nachhaltigen Supply Chain Management.[234] CSR-Maßnahmen können so über eine Verbesserung des Unternehmensimages zu einem verbesserten finanziellen Erfolg des Unternehmens führen.[235] Ebenso kann ein nachhaltiges Supply Chain Management einen erhöhten Markenwert sowie eine loyale Kundenbeziehung begünstigen, was sich durch steigende Marktanteile und die Platzierung in einem höheren Preissegment positiv auf den Umsatz auswirken kann.[236] So kaufen nach einer Statistik von The Body Shop 83% der Stammkunden bewusst bei Einzelhändlern, die soziale und ökologische Belange ernst nehmen, und 64% wären bereit, für ethisch vertretbare Produkte einen höheren Preis zu bezahlen.[237]

Die interne Prozessperspektive konzentriert sich auf die kritischen Prozesse im Unternehmen, die das Mittel zur Zielerreichung der Kunden- und Finanzperspektive darstellen. Durch optimales Management der betrieblichen Prozesse wird hier der Wertbeitrag für den Kunden produziert aber auch durch die Optimierung der betrieblichen Prozesse die Wirtschaftlichkeit gesteigert. Vor allem das Kernelement der Produktions- und Logistikprozesse umfasst eine Betrachtung des gesamten Wertschöpfungsprozesses, vom Lieferanten bis zum Kunden und integriert ebenfalls eine Risikomanagementkomponente.[238] Bei der Betrachtung der langfristigen Wertschöpfungsstrategie wird integrativ Bezug auf gesetzliche und gesellschaftliche Normen hinsichtlich ökologischer und sozialer Aspekte genommen.[239] Durch die Optimierung und nachhaltige Gestaltung von Produktions- und Logistikprozessen lassen sich vor allem kostenseitige Effekte erzielen. Ansatzpunkte sind hier die Einsparung von Material, Energie und Wasser im Produktions- und Logistikprozess sowie die Vermeidung von Emissionen.[240] So forderte Wal-Mart 2006 seine 60.000 Lieferanten weltweit auf, ihren Verpackungsverbrauch innerhalb von zwei Jahren um fünf Prozent zu reduzieren. Aus ökologischer Sicht können so 667.000 Tonnen Kohlenstoffdioxid (CO_2) aus der Luft und 213.000 LKW von der Straße entfernt werden. Durch diese Aktion kalkulierte Wal-Mart Kosteneinsparungen von 3.4 Milliarden USD.[241] Auch auf die Risikodimension hat die nachhaltige Ausrichtung des

233 Vgl. Kaplan / Norton (1997a), S. 71.
234 Vgl. Ernst & Young (2008), S. 3.
235 Vgl. Promberger / Spiess (2006), S. 23.
236 Vgl. Mefford (2011), S. 113-114.
237 Vgl. The Body Shop (2011), S. 10.
238 Vgl. Kaplan / Norton (2004), S. 38-39.
239 Vgl. Kaplan / Norton (2004), S. 149-152.
240 Vgl. Schaltegger / Hasenmüller (2005), S. 13.
241 Vgl. Hoffman (2007).

Supply Chain Managements einen Einfluss. Outsourcing, Offshoring und die Fokussierung auf Kernkompetenzen führen dazu, dass die Gestaltung und Kontrolle der Produktions- und Logistikprozesse nicht mehr nur bei einem einzigen Unternehmen liegen, sondern auf der Zusammenarbeit von dezentralisierten und unabhängigen Unternehmen in einem Netzwerk beruht.[242] Die zunehmende Komplexität sowie der Wissensverlust über die vorgelagerten Prozesse des Produkts stellen für das fokale Unternehmen eine Risikodeterminante dar.[243] Wie das Beispiel von Mattel (vgl. Kapitel 3.3) zeigt, kann dies kostspielige Folgen haben. Die Folgen wirken durch Kosten für Rückrufaktionen, Sanktionen, Gerichtsverfahren oder Entschädigungen direkt auf die finanzielle Leistung des Unternehmens, aber können durch Reputationsverlust und daraus folgendem Umsatzrückgang auch umsatzseitig negative Wirkung auf das Unternehmensergebnis haben. Diese potentiellen Risiken stellen auch eine Determinante bei der Beschaffung von Kapital auf dem Kapitalmarkt dar. Unternehmen, mit einer strategischen CSR-Ausrichtung können in diesem Zusammenhang als weniger riskant eingestuft werden,[244] was sich auf die Kapitalbeschaffungskosten auswirken kann. Die Lieferantenauswahl unter Berücksichtigung der Einhaltung sozialer und ökologischer Anforderungen kann ebenso als Indikator zur Verbesserung von Qualität und Produktivität gesehen werden. Lieferanten, die ökologische und soziale Standards einhalten, kann unterstellt werden, dass sie in der Lage sind, ihre Arbeitsabläufe und Prozesse effektiv zu gestalten.[245] Zuverlässige und flexible Lieferanten führen bei dem fokalen Unternehmen insofern zu einem Mehrwert, als dass das Risiko von Ausfallzeiten und Lieferengpässen bei Just-in-Time- oder Lean Production-Fertigungen reduziert wird. Gute Arbeitsbedingungen und qualifizierte Arbeitskräfte können auch ausschlaggebend für die Qualitätsverbesserung der Vorprodukte sein. Dies führt zum einen zur Vermeidung von Kosten durch beispielsweise Ausschussreduzierung, zum anderen auch zu einer Steigerung des Wertangebots für den Kunden.[246] So assoziieren Kunden mit ökologischer und sozial verträglicher Herstellung eine höhere Qualität des Produkts, wofür sie auch einen höheren Preis zu zahlen bereit sind. Nach einer Umfrage der Boston Consulting Group sind Konsumenten auch in wirtschaftlich schwierigen Zeiten bereit, für nachhaltige Produkte einen höheren Preis zu bezahlen.[247]

[242] Vgl. Piplani / Pujawan / Ray (2008), S. 193.
[243] Vgl. Schaltegger / Harms (2010), S. 5.
[244] Vgl. Spicer (1978), S. 96.
[245] Vgl. Ehrgott et al. (2011), S. 102.
[246] Vgl. Mefford (2011), S. 117-123.
[247] Vgl. Manget / Roche / Münnich (2009), S. 6.

Die Lern- und Entwicklungsperspektive stellt das Fundament dar und definiert die notwendigen personellen Kompetenzen, Technologien, organisationalen Strukturen und die Unternehmenskultur, die zur Strategieerreichung notwendig sind.[248] Spiegelbildlich zur Finanzperspektive sind hier mehr Leistungstreiber als Ergebnisgrößen vertreten.[249] Als allgemeingültige Kernelemente stehen hier Mitarbeitertreue, Mitarbeiterzufriedenheit und Mitarbeiterproduktivität.[250] Bedingt durch die allgemeingültige Formulierung ist dabei keine ökologische oder soziale Ausprägung der Kernelemente zu erwarten. Die Definition der Leistungstreiber orientiert sich an der Zielerreichung der übergeordneten Perspektiven. Die Ziele der Finanz-, Kunden- und internen Prozessperspektive determinieren, welche Kompetenzen bei den Mitarbeitern, welche Informations- und Kommunikationssysteme und welches Arbeitsklima erforderlich sind.[251] Um CSR von der strategischen Ebene bis zu täglichen operativen Aktivitäten zu implementieren erfordert es qualifizierte und motivierte Mitarbeiter, die bereit sind, die strategische Ausrichtung umzusetzen.[252] So ist beispielweise für eine Lieferantenauswahl nach sozialen Gesichtspunkten eine bestimmte Bereitschaft zu organisationalem Lernen erforderlich, da eine intensivere Betrachtung und Interaktion mit dem Lieferanten über die wirtschaftlichen Fakten hinaus notwendig ist. Für die Umsetzung ist so ein gewisses Maß an intrinsischer Motivation der Mitarbeiter erforderlich,[253] ebenso wie die Gestaltung einer Unternehmenskultur, die einen fördernden Rahmen dafür bietet.[254] Nicht nur im Hinblick auf CSR stellen qualifizierte Arbeitskräfte einen strategischen Vorteil dar, auch als treibende Kräfte für Prozess- und Produktoptimierungen spielen sie eine wichtige Rolle. Die strategische Integration von CSR und das daraus resultierende Image kann den Zugang zu qualifizierten Arbeitskräften erleichtern. Die vom Unternehmen signalisierten nachhaltigen Wertvorstellungen haben positiven Einfluss auf die wahrgenommene Attraktivität als Arbeitgeber.[255] Ein weiterer Leistungstreiber für die erfolgreiche Implementierung und verbesserte Koordination von Nachhaltigkeitsaspekten stellt die Einführung von Umweltmanagementsystemen wie beispielsweise die ISO 14001 oder das European Eco-Management and Audit Scheme (EMAS) dar sowie die Ausformulierung von Verhaltenskodizes, die sowohl den Mitarbeitern des fokalen Unternehmens als auch den mit ihnen in Lieferbeziehungen stehenden Unternehmen die

---

[248] Vgl. Kaplan / Norton (2000), S. 175.
[249] Vgl. Hahn et al. (2002), S. 87.
[250] Vgl. Kaplan / Norton (1997a), S. 121.
[251] Vgl. Hahn et al. (2002), S. 87-88.
[252] Vgl. Collier / Esteban (2007), S. 19-20.
[253] Vgl. Ehrgott et al. (2011), S. 103 & 110.
[254] Vgl. Braun et al. (2010), S. 13.
[255] Vgl. Greening / Turban (2000), S. 273-276.

gestellten Anforderungen verdeutlichen.[256] Die Einführung auditfähiger Standards wirkt sich zusätzlich positiv auf die Glaubwürdigkeit und das Image des Unternehmens aus.[257] Auch der Aufbau von gemeinsamen Informations- und Kommunikationssystemen mit Lieferanten führt zu einer bessern Abstimmungs- und Optimierungsfähigkeit der Prozesse aller Beteiligten.[258]

Ob eine fünfte Nicht-Markt-Perspektive notwendig und gerechtfertigt ist, um nicht im Marktmechanismus wirkende Umwelt- und Sozialfaktoren zu erfassen, kann anhand von drei Kriterien überprüft werden: Die strategischen Kernelemente bilden in dieser Perspektive die vorausschauende Sicherung von Legalität und gesellschaftlicher Legitimität sowie die Erweiterung des strategischen Handlungsspielraums. Meist sind die hier kategorisierten Umwelt- und Sozialprobleme solche, die ein Produkt im Allgemeinen oder eine ganze Branche betreffen. Dies charakterisiert die fünfte Dimension als Handlungsrahmen. Leistungstreibende Größen sind somit in den anderen vier Perspektiven zu finden, was gleichzeitig die kausale Verbindung zwischen der Nicht-Mark-Perspektive und den anderen Scorecard-Perspektiven schafft.[259] Stellt beispielsweise die Vermeidung von Kinderarbeit nur eine zu beachtende Rahmenbedingung in der fünften Perspektive dar, so ist ein treibender Faktor hierfür in der internen Prozessperspektive bei Lieferantenmanagement und -bewertung zu finden. Gleichzeig lässt sich die fünfte Perspektive mit dem Ziel der Vermeidung von Kinderarbeit in einer positiven Wirkungsweise auf Unternehmensimage und -reputation in der Kundenperspektive verbinden.

4.2.2 Kaskadierung auf unternehmensexterne Akteure der Supply Chain

Die Umsetzung der Unternehmensstrategie sowie der Sicherung von Effizienz und Wettbewerbsfähigkeit hängen in zunehmendem Maß von der Zusammenarbeit mit unternehmensexternen Partnern innerhalb der Supply Chain ab.[260] Gleichermaßen steht auch die Implementierung von CSR vor dem Problem auf unternehmensübergreifende Kooperationen angewiesen zu sein, da meist das fokale Unternehmen in der Öffentlichkeit die Verantwortung für die Supply Chain zugesprochen bekommt.[261]

---

[256] Vgl. Schaltegger / Harms (2010), S. 9-10.
[257] Vgl. Ciliberti et al. (2009), S. 118-119.
[258] Vgl. Schaltegger / Harms (2010), S. 19.
[259] Vgl. Hahn et al. (2002), S. 89-91.
[260] Vgl. Angerhofer / Angelides (2006), S. 299.
[261] Vgl. Våland / Heide (2005), S. 497.

Die Bildung einer nachhaltigen Supply Chain über die Unternehmensgrenzen des fokalen Unternehmens hinaus steht einigen Schwierigkeiten gegenüber. Unternehmensintern problematisch ist beispielsweise ein Mangel an personellen und finanziellen Ressourcen sowie Know-How und ein hoher Kommunikations- und Koordinationsaufwand bei komplexen Lieferantenbeziehungen.[262] Auch die Kooperationsbereitschaft von Seiten der Lieferanten kann ein Hemmnis darstellen. Vor allem kleinere Lieferanten in Entwicklungsländern sehen sich primär in einem kostenbasierten Wettbewerb. Kurze Verträge von Seiten der kaufenden Unternehmen und eine hohe Anzahl an Konkurrenten erhöhen den Kostendruck auf die Lieferanten, die CSR somit primär als kurzfristig entstehenden zusätzlichen Kostenfaktor wahrnehmen. Auch agieren Lieferanten und Sub-Lieferanten mehr oder weniger anonym auf dem Weltmarkt und haben somit wenig Anlass, sich um ihr Image oder ihre Reputation zu sorgen.[263] Vor allem auch, da der Nutzen durch die CSR-Implementierung in der Supply Chain den großen globalen Marken zu Gute kommt, die zu dem fokal koordinierenden Unternehmen gehören.[264] Häufig werden Codes of Conduct verwendet, um die aus Sicht des fokalen Unternehmens strategisch relevanten ökologischen und sozialen Aspekte auch bei externen Partnern in der Supply Chain zu kommunizieren, implementieren und zu überprüfen.[265] In Codes of Conduct können die spezifischen ökologischen und sozialen Schwerpunkte des Unternehmens oder der Branche gezielt adressiert und Anforderungen definiert werden, um zum einen Reputation, Image und gesellschaftliche Legitimität zu schützen, zum anderen Einfluss auf die Effizienz der Strukturen in den Zulieferbetrieben zu nehmen. Codes of Conduct stellen dabei eher ein schwaches Instrument der Umsetzung dar, da sie rechtlich nicht verpflichtend sind. Sie stellen meistens einen Bestandteil im Vertragswerk dar. Die Reichweite der Codes of Conduct beschränkt sich dabei meist auf die erste Ebene von Lieferanten, so dass Sublieferanten nicht mehr in den direkten Geltungsbereich fallen.[266] Die Bereitschaft und Möglichkeit der Umsetzung von Seiten der Lieferanten ist dabei nicht immer gegeben. Die deterministische Vorgabe von Codes of Conduct ohne die Berücksichtigung der Umsetzbarkeit beim Lieferanten führt zu Akzeptanzproblemen. Zusätzlich fordern die fokalen Firmen Audits und Kontrollen, die von den Lieferanten selbst zu finanzieren sind.[267]

---

[262] Vgl. Schaltegger / Harms (2010), S. 9-10.
[263] Vgl. Faisal (2010), S 181-184.
[264] Vgl. Pedersen / Andersen (2006), 230.
[265] Vgl. Waddock / Bodwell / Graves (2002), S. 139-141.
[266] Vgl. Frenkel / Kim (2004), S. 7-10.
[267] Vgl. Schneider / Schwerk (2010), S. 49.

Die Implementierung von Nachhaltigkeitsaspekten in der Supply Chain kann durch den Einsatz von Weisungen und marktbasierten Mechanismen oder über unternehmensübergreifende Zusammenarbeit und den Aufbau nachhaltiger Lieferantenbeziehungen koordiniert werden.[268] Über die marktbasierte Koordination wird die Umsetzung der vorgegebenen CSR-Maßnahmen den Lieferanten über die Ausübung der wirtschaftlichen Machtposition und des Ausnutzens von einer hohen Konkurrenzsituation auferlegt.[269] Diese wirtschaftlichen Beziehungen basieren auf Leistungsmerkmalen wie Preis, Qualität und Lieferzeit, einer kurzen Vertragsbindung sowie der Risikostreuung seitens des fokalen Unternehmens auf eine hohe Anzahl an Lieferanten.[270] Kleineren Lieferanten in Entwicklungsländern fehlt dabei meist das Know-How über CSR und dessen Implementierung. Mangelnde Hilfestellung und fehlende Transparenz kann so dazu führen, dass Vorgaben vom fokalen Unternehmen nicht einhaltbar sind und begünstigt Opportunismus, Betrug und Täuschung.[271]

Vorteilhafter, sowohl für das Supply Chain Management, bei dem Schnittstellen zunehmend über Unternehmens- und Landesgrenzen hinweg gehen, als auch für die Kaskadierung von CSR in der Supply Chain ist der Aufbau langfristiger Lieferantenbeziehungen.[272] Als Koordinator der Supply Chain-Aktivitäten ist das fokale Unternehmen in einem Netzwerk von unabhängigen Partnern auf verlässliche Informationen von den Lieferanten angewiesen,[273] vor allem im Hinblick auf Informationen über die Sublieferantenstruktur und deren Arbeitsweisen und Prozesse.[274] Denn wie das Beispiel von Mattel (Kapitel 3.3) zeigt, stellt dies eine Risikokomponente für das fokale Unternehmen dar. Der Aufbau langfristiger und auf Vertrauen basierender Verhältnisse zwischen Lieferant und dem fokalen Unternehmen unterstützt die Kaskadierung nachhaltiger Supply Chain-Prinzipien vor allem in Hinsicht auf notwendige Transparenz,[275] da die Datenoffenlegung auch durchaus mit dem Risiko opportunistischen Verhaltens verbunden ist.[276] Kollaborative Beziehungen werden in einem Netzwerk mit einerkleineren Anzahl an Lieferanten implementiert. Dies zeigt sich am Beispiel der Automobilindustrie, die die Anzahl ihrer First-Tier-Supplier reduziert, dabei aber die Intensität der Zusammenarbeit erhöht.[277] Aber auch Walmart beendete 2005 die Beziehung zu mehr als

[268] Vgl. Vachon / Klassen (2006), S. 798.
[269] Vgl. Jiang (2009), S. 77-80.
[270] Vgl. Frenkel / Kim (2004), S. 12.
[271] Vgl. Jiang (2009), S. 86-87; Ciliberti et al. (2009), S. 118.
[272] Vgl. Seth / Sharma (2007), S. 361; Jiang (2009), S. 87.
[273] Vgl. Ciliberti et al. (2009), S. 117-118.
[274] Vgl. Schneider / Schwerk (2010), S. 49.
[275] Vgl. Frenkel / Kim (2004), S. 12.
[276] Vgl. Schaltegger / Harms (2010), S. 10.
[277] Vgl. VDA (2000), S. 53-55.

hundert Lieferanten, die die CSR-Vorgaben nicht einhielten[278] und will in Zukunft langfristig ausgelegte Übereinkommen mit einer geringeren Anzahl an Lieferanten pflegen.[279] Eine strategische Kollaboration stellt auf lange Sicht einen erfolgsversprechenden Weg dar, um CSR auch unternehmensübergreifend in der Supply Chain zu implementieren.[280]Auch die Balanced Scorecard kann als inter-organsationales Instrument genutzt werden, das die Ziele des fokalen Unternehmens und die der Lieferanten angleicht. Die strategische Abstimmung zwischen Käufer und Lieferant mit Hilfe einer inter-organisationalen Balanced Scorecard setzt dabei einen intensiven Austausch von Informationen zwischen den Beteiligten voraus. Dies erfordert einen hohen Ressourceneinsatz beider Unternehmen, beeinflusst aber die Beziehung zwischen den Unternehmen genauso wie die Leistung des Lieferanten positiv.[281]

[278] Vgl. Roberts et al. (2006).
[279] Vgl. Manget / Roche / Münnich (2009), S. 21.
[280] Vgl. Vurro / Russo / Perrini (2009), S. 610.
[281] Vgl. Asmussen (2009), S. 96-97 & 198.

5 Corporate Social Responsibility und nachhaltiges Supply Chain Management unter dem Blickwinkel des Shareholder und Stakeholder Ansatzes

5.1 Die Sicht des Shareholder-Value Ansatzes

Das Grundkonzept des Shareholder Value geht auf Alfred Rappaport zurück.[282] Der Ansatz zielt darauf ab, durch eine klare Wertorientierung der Managemententscheidungen den Marktwert des Eigenkapitals zu steigern.[283] Der Shareholder Value setzt sich dabei wie folgt zusammen: *Shareholder Value = Unternehmenswert - Fremdkapital*

Der Unternehmenswert lässt sich in die diskontierten Free Cash-Flows der Prognoseperiode, den Residualwert nach der Prognoseperiode sowie den Marktwert von handelsfähigen Wertpapieren und anderen liquidierbaren Investitionen des nicht betriebsnotwendigen Vermögens unterteilen. Die Free Cash-Flows werden dabei mit einem gewichteten Mittelwert aus Fremd- und Eigenkapitalkosten diskontiert.[284] Hierfür eignet sich der Weighted Average Cost of Capital (WACC).[285] Fremdkapitalkosten sollen mit den Kosten für künftiges aufzunehmendes Fremdkapital bewertet werden, die Eigenkapitalkosten werden mit einem risikofreien Zinssatz plus einer Risikoprämie des Eigenkapitals ermittelt. Zu gewichten sind diese mit der langfristig angestrebten Kapitalstruktur.[286] Die wesentlichen Werttreiber für eine zusätzliche Werterzielung lassen sich wie folgt identifizieren: Die operativen Entscheidungen (wie beispielsweise über das Leistungsprogramm, Preispolitik, Werbung oder Vertrieb) beeinflussen die Werttreiber Umsatzwachstum, betriebliche Gewinnmarge und Gewinnsteuersatz, die zur Generierung der Free Cash-Flows beitragen. Die Werttreiber Investition ins Umlaufvermögen und Investition ins Anlagevermögen werden durch die Investitionsentscheidungen wie beispielsweise Kapazitätserweiterungen, beeinflusst und wirken in Form von Geldabflüssen auf den Free Cash-Flow. Ebenso wird der Free Cash-Flow von der Länge der Betrachtungsperiode beeinflusst. Die Finanzierungsentscheidung in Bezug auf das Verhältnis von Fremd- zu Eigenkapitalfinanzierung und die Wahl des richtigen Finanzierungsinstruments wirken auf den Werttreiber Kapitalkosten, der den Diskontsatz zur Diskontierung des Free Cash-Flows beein-

[282] Vgl. Schmeisser / Rönsch / Zilch (2009), S. 10.
[283] Vgl. Velthuis / Wesner (2005), S. 1.
[284] Vgl. Rappaport (1999), S. 40-44.
[285] Vgl. Copeland / Koller / Murrin (1993), S. 192.
[286] Vgl. Rappaport (1999), S. 44-48.

flusst. Weiterhin wirkt die Finanzierungsentscheidung auch auf die Höhe des Fremdkapitals, das vom Unternehmenswert abgezogen wird.[287]

In der Praxis erfolgt die Realisierung des Shareholder Value-Konzepts durch moderne Formen der wertorientierten Unternehmensführung (Value Based Management). Ihren Anwendungsbereich hat dieses ex ante als Instrument zur Planung und Bewertung von Maßnahmen und Projekten, ebenso wie zur Performancebeurteilung und -kontrolle ex post.[288] Gerechtfertigt wird die Ausrichtung an den Eigentümerinteressen darüber, dass sie als „residual claimants" sowohl gewinnberechtigt als auch Risikoträger sind.[289] Für das zur Verfügung gestellte Kapital erwarten sie einen Ausgleich der Opportunitätskosten. Vor allem vor dem Hintergrund der Globalisierung und zunehmenden Wettbewerbs ergibt sich für Unternehmen eine erhöhte Finanzierungsnotwendigkeit, womit die Bedeutung der Finanzmärkte für die Realwirtschaft steigt.[290] Gelingt es dem Unternehmen nicht, nachhaltig den Unternehmenswert zu steigern, erschwert dies die Kapitalbeschaffung.[291] Das Handeln aus Eigeninteresse lässt sich ökonomisch durch die von Adam Smith 1776 eingeführte Metapher der „unsichtbaren Hand" rechtfertigen.[292] Ausgehend davon maximieren Unternehmen, die nach der Maximierung ihres eigenen Unternehmenswerts streben, ebenfalls den Wohlstand der gesamten Volkswirtschaft.[293] Basierend auf dieser Annahme entstand schon Mitte des 20. Jahrhunderts Kritik an der Forderung, dass Unternehmen auch der Gesellschaft gegenüber Verantwortung übernehmen sollen. Die gesellschaftliche Verantwortung wird hier klar dem Staat zugeteilt, wobei Unternehmen Profitabilität als ihre oberste Maxime zu sehen haben.[294] Das Management steht in einer Prinzipal-Agent-Beziehung zu den Eigenkapitalgebern und hat demnach ausschließlich in ihrem Sinne zu handeln. So ist beispielsweise eine Investition in Umweltmaßnahmen über die gesetzlichen Anforderungen hinaus nicht im Sinne der Shareholder zu vertreten.[295] Die Kosten für gesellschaftliche Verantwortung, die von Unternehmen getragen werden sollen, sind jene, die Gesellschaft und Politik nicht bereit sind zu übernehmen. Im Zuge dieser Argumentation stellt gerade die Nicht-Orientierung am Shareholder Value eine Gefahr für andere Interessengruppen dar, da ohne ein profitables Wirtschaften die Deckung

[287] Vgl. Rappaport (1999), S. 67-69.
[288] Vgl. Velthuis / Wesner (2005), S. 11.
[289] Vgl. Schmidt / Weiß (2003), S. 7.
[290] Vgl. Faul (2005), S. 55-57.
[291] Vgl. Schmeisser / Rönsch / Zilch (2009), S. 1.
[292] Vgl. Smith (1789), S. 371.
[293] Vgl. Martin / Petty / Wallace (2009), S. 111.
[294] Vgl. Levitt (1958), S. 48-49.
[295] Vgl. Friedman (1970), S. 1-3.

von Zahlungsansprüchen nicht mehr gewährleistet ist.[296] Des Weiteren stellt es sich für ein Unternehmen als besonders schwierig dar, mehrere Zielsetzungen zur Befriedigung mehrerer Anspruchsgruppen parallel zu maximieren. Divergierende Interessen wie beispielsweise hohe Löhne aus Sicht der Arbeitnehmer, niedrige Preise aus Sicht der Kunden und eine hohe Dividende aus Sicht der Eigentümer und der Versuch der simultanen Befriedigung erweist sich dabei als weniger gut als die Verfolgung des alleinigen Ziels der Wertmaximierung.[297]

Dass Profitmaximierung zu Wohlfahrtsmaximierung führt, ist unter der Voraussetzung zu sehen, dass keine externen Effekte entstehen. Negative externe Effekte und deren Kosten, wie bspw. die von dem Unternehmen verursachte Umweltverschmutzung, werden dabei nicht kompensiert. Sie beeinträchtigen jedoch auch unbeteiligte Dritte, die an der Markttransaktion nicht beteiligt sind, aber trotzdem in Form von Anspruchs- und Interessengruppen erfolgsbeeinflussende Wirkung auf das Unternehmen haben können.[298] Zunehmend werden externe Kosten vor allem für Umweltverschmutzung internalisiert und auf die Unternehmen umgelegt. Dies macht sie unter dem Shareholder Value-Ansatz zu einer zu berücksichtigenden Determinante, um durch effiziente Umweltmaßnahmen die Kosten im Sinne der Eigenkapitalgeber zu senken.[299]

Doch auch mit Blick auf Maximierung des Shareholder Value ist CSR durch eine Verlinkung auf unternehmenswertsteigernde Effekte berechtigt.[300] Zu diesem Zweck wird der Einfluss von sozialen und ökologischen Maßnahmen auf die Werttreiber des Shareholder Value-Netzwerks[301] auf seine positive oder negative Wirkungsrichtung untersucht. CSR kann über die Werttreiber Kundenattraktivität, Markenwert und Reputation, „License to operate“[302], Humankapital, Innovationen und Risikomanagement auf die Steigerung des Shareholder Value wirken.[303] Lassen sich durch eine explizit auf Nachhaltigkeit ausgelegte Strategie Wettbewerbsvorteile erzielen, so ist auch dies im Sinne einer langfristigen Generierung von Shareholder Value.[304] Ob sich eine soziale oder ökologische Maßnahme im Einzelnen wertsteigernd auswirkt, ist vor dem Hintergrund gegenläufiger Effekte zu betrachten. Im Fall nachhaltiger Produkte sind dem höheren realisierbaren Preis gegebenenfalls höhere Beschaffungskos-

[296] Vgl. Rappaport (1999), S. 6-9.
[297] Vgl. Jensen (2001), S. 305-306.
[298] Vgl. Jensen (2001), S. 302; Martin / Petty / Wallace (2009), S. 113; Mankiw (2004), S. 221-222.
[299] Vgl. Schaltegger / Figge (1998), S. 12.
[300] Vgl. Levitt (1958), S. 48.
[301] Vgl. Rappaport (1999), S. 67.
[302] i.S.v. durch die Gesellschaft erteilter Legitimität, vgl. Kapitel 2.2.2.
[303] Vgl. SustainAbility (2001), S. 22-33; Castro / Chousa (2006), S. 326-327.
[304] Vgl. Rappaport (1999), S. 82-86.

ten oder eine Erhöhung des Umlaufvermögens im Fall einer neuen Produktlinie gegenüberzustellen.[305] Im Fall der Implementierung von CSR entlang der Supply Chain sind es Kosten für die interne Umsetzung, sowie Aufwand für Schulungen und Audits, die anfallen und den positiven Effekten gegenüberstehen.[306] Aber auch Investitionen ins Anlage- und Umlaufvermögen sowie Entwicklungskosten haben eine wertmindernde Wirkung. Auch für ökologische und soziale Investitionen gilt hier, dass die Rendite höher als die Kapitalkosten sein muss, um eine Wertsteigerung zu erzielen.[307] Die große Problematik besteht darin, dass bei vielen Maßnahmen nicht klar ist, ob und nach welcher Zeit sie rentabel sind und in welcher Weise dies quantifiziert werden kann.[308]

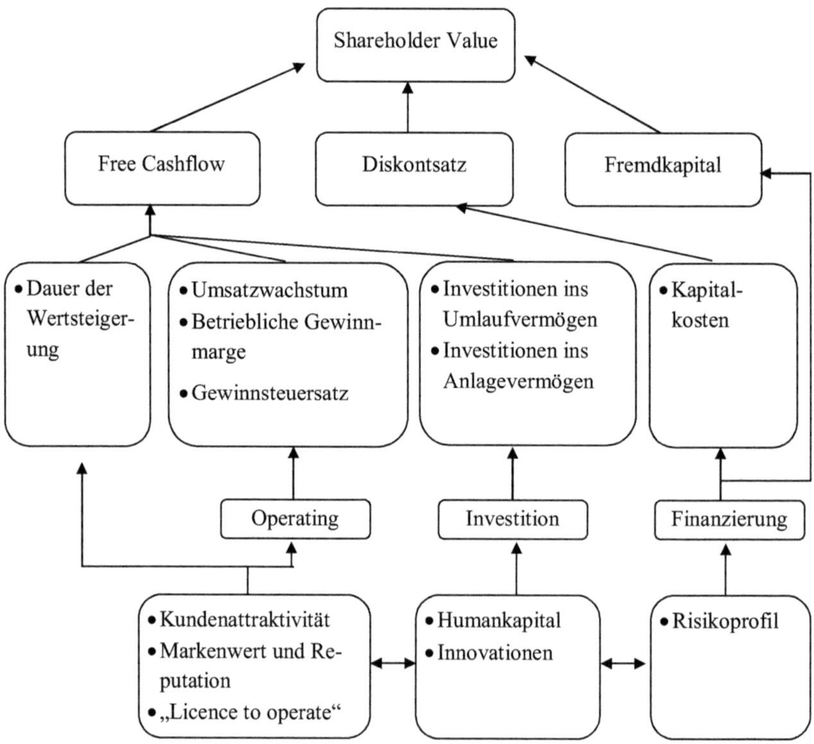

Abb. 7: Wirkungsweisen von CSR auf den Shareholder Value[309]

[305] Vgl. Figge / Hahn (2002b), S. 6-7.
[306] Vgl. Schaltegger / Harms (2010), S. 10-12.
[307] Vgl. Schaltegger / Figge (1998), S. 10-11.
[308] Vgl. Schmeisser / Rönsch / Zilch (2009), S. 106-108.
[309] Eigene Darstellung in Anlehnung an Rappaport (1999), S. 68; Castro / Chousa (2006), S. 327.

Nachhaltiges Supply Chain Management stellt vor dem Hintergrund von Offshoring und Outsourcing eine wichtige Determinante zur Erzielung wertsteigernder Effekte von CSR auf den Shareholder Value dar. Die zunehmende Transparenz der Supply Chain erhöht die ökologische und soziale Exponiertheit des Unternehmens. Die in Kapitel 3.3 identifizierten Chancen eines nachhaltigen Supply Chain Managements stellen vor diesem Hintergrund ebenfalls in Erwägung zu ziehende Werttreiber auf das Shareholder Value-Netzwerk dar. Zur Beurteilung, ob bei Investition in umweltschonendere Technologien, Materialien oder in langfristige Beziehungen mit Lieferanten der Nutzen die Kosten übersteigt, stellt der Betrachtungszeitraum eine wesentliche Stellschraube dar. Kosten werden unmittelbar ergebniswirksam, während positive Auswirkungen meist erst mit längerfristiger Zeitverzögerung eintreten.[310]

5.2 Die Sicht des Stakeholder-Ansatzes

Der Stakeholder-Ansatz setzt bei einer veränderten Sichtweise des Unternehmens und dessen Beziehung zu seinem Umfeld an. Unternehmen können nicht mehr nur den Fokus ihrer Betrachtung auf ihren Leistungserstellungsprozess ausrichten und sind nicht mehr nur einem oder mehreren Eigentümern unterstellt. Unternehmen stellen eine gesellschaftliche Institution dar, die einen Einfluss auf eine Vielzahl an Gruppen in ihrem Umfeld hat, und damit auch die Einflussmöglichkeiten dieser Gruppen auf die eigene Geschäftstätigkeit anerkennen muss.[311]

Vor diesem Hintergrund definiert Freeman (1984) Stakeholder als alle Individuen und Gruppen, die sowohl von dem Unternehmen und seiner Tätigkeit beeinträchtig werden, als auch dieses beeinträchtigen können und somit eine elementare Rolle für den Erfolg des Unternehmens spielen.[312] Der Anspruch dieser Gruppen beruht darauf, dass sie Ressourcen in das Unternehmen einbringen.[313] Diese Ressourcen können in materieller oder immaterieller Form durch Kapitalressourcen (Finanz-, Real-, Human-, oder Naturkapital), Vertrauensressourcen (gesellschaftliche Akzeptanz) oder als Informationen und Know-how in das Unternehmen eingebracht werden.[314] Anspruchsgruppe und Unternehmen stehen in einem reziproken Verhältnis, das es im strategischen Management zu berücksichtigen gilt.[315] Des Weiteren lässt sich eine Unterteilung in primäre und sekundäre Stakeholder vornehmen. Als primäre Stakeholder sind dabei die Anspruchsgruppen zu sehen, die durch einen direkten Bezug zur Unternehmenstätigkeit von elementarer Bedeutung für den Erfolg sind. Dazu gehören Share-

---

310 Vgl. Sen (2009), S. 102.
311 Vgl. Freeman (1984), S. 4-8, Hansen / Bode / Moosmayer (2004), S. 244.
312 Vgl. Freeman (1984), S. 25.
313 Vgl. Schmidt / Weiss (2003), S. 3.
314 Vgl. Figge / Schaltegger (2000), S. 11.
315 Vgl. Curbach (2009), S. 170.

holder, Kunden, Arbeitnehmer und Lieferanten, aber auch der Staat und Gemeinden, die Infrastruktur und Märkte bereitstellen und durch Gesetze und Regulierungen direkten Einfluss nehmen. Sekundäre Stakeholder stehen zwar auch in einem reziproken Einflussverhältnis mit dem Unternehmen, sind aber nicht direkt durch Transaktionen mit ihm verbunden. Zu dieser Gruppe zählen vor allem Interessengruppen und NGOs sowie die Medien,[316] die durch die Existenz von Massenmedien an Relevanz zugenommen haben.[317]

Nach dem Stakeholder-Ansatz besteht die Anforderung an das Management darin, die Interessen und Ansprüche der Stakeholder als legitim anzuerkennen und diese Interessen gezielt zu managen.[318] Die Interessen der verschiedenen Stakeholder-Gruppen können einstimmig oder konfliktär sein. Ebenso ist eine vollständige Berücksichtigung aller Anspruchsgruppen simultan nur schwer durchführbar. Das Management ist gezwungen die Interessen abzuwägen, um diese adäquat in der strategischen Ausrichtung des Unternehmens zu berücksichtigen.[319]

Freeman selbst sieht zusätzlich zur Stakeholder-Sichtweise keine Notwendigkeit eines expliziten CSR-Managements, da das Management der einzelnen Anspruchsgruppen und ihrer Belange im stakeholderorientierten Management integriert ist.[320] Trotzdem dient die Stakeholdertheorie vielen CSR-Ansätzen als Ausgangspunkt.[321] Ausgehend von der Akzeptanz und Legitimität der Stakeholder-Interessen wird hier die Begünstigung einer freiwilligen Integration von ökologischen und sozialen Belangen behauptet.[322] Die zielgerichtete Beziehungspflege zu den für das Unternehmen als relevant identifizierten Stakeholder-Gruppen stellt einen intangiblen Wert dar und kann zu kompetitiven Vorteilen verhelfen.[323] Die Interessen von Lieferanten und Kunden, die nach obiger Ausführung als primäre Stakeholder klassifiziert werden, kann mit einem nachhaltigen Supply Chain Management pro-aktiv vom fokalen Unternehmen begegnet werden. Der Aufbau einer positiven Beziehung zu seinen Kunden resultiert in einer Kaufentscheidung des Kunden, wohingegen eine Negativgestaltung in Ausprägungen von Boykott und gerichtlichen Klagen enden kann.[324] Dies kann existenzgefährdende Auswirkungen für das Unternehmen bedeuten. Von den in Kapitel 3.1 skizzierten Entwicklungen der gezielten Auslagerung von Unternehmensaktivitäten und der zunehmen-

[316] Vgl. Clarkson (1995), S. 106-107.
[317] Vgl. Freeman (1984), S. 22.
[318] Vgl. Freeman (1984), S. 26.
[319] Vgl. Figge / Schaltegger (2000), S. 11-12; Freeman (2004), S. 233.
[320] Vgl. Freeman (2004), S. 231.
[321] Vgl. Fassin (2009), S. 113.
[322] Vgl. Vurro / Russo / Perrini (2009), S. 611.
[323] Vgl. Hillman / Keim (2001), S. 127.
[324] Vgl. Henriques / Sadorsky (1999), S. 89.

den Einbeziehung von unternehmensexternen Lieferantennetzwerken stellt auch hier die Pflege der Beziehungen zu den Lieferanten hinsichtlich Verlässlichkeit und einem angestrebten partnerschaftlichen Verhältnis ein Mittel dar, um die Interessen des fokalen Unternehmens in einem Win-Win-Verhältnis mit denen der Lieferanten in Einklang zu bringen (siehe Kapitel 4.2.2). Auch der Einfluss von Medien und NGOs als sekundäre Stakeholder-Gruppe steht in Verbindung mit CSR und einem nachhaltigen Supply Chain Management, da die Supply Chain oft den einzigen Angriffspunkt für Aktivistengruppen gegen große Marken darstellt.[325] Die Auswirkungen von öffentlichen Kampagnen, die sich bedingt durch Massenmedien in kürzester Zeit verbreiten, zeigt das Beispiel von Nike in den 1990er Jahren. Das Unternehmen Nike, das die Produktion auf Vertragslieferanten in den asiatischen Raum verlagert hatte, rückte Anfang der 1990er Jahre in das Visier von Aktivisten, die das Unternehmen für Kinderarbeit und Ausbeutung verantwortlich machten. In erster Konsequenz wies Nike jegliche Verantwortung für die Arbeitspraktiken von den asiatischen Vertragspartnern von sich. Nach jahrelangen Kampagnen und einer zunehmenden Schädigung des Markenimages änderte Nike seine Strategie und übernimmt mittlerweile eine pro-aktive Rolle beim Monitoring von Arbeitsbedingungen und der Entwicklung von Standards.[326]

Somit lassen sich CSR und ein nachhaltiges Supply Chain Management als Inputfaktoren sehen, die auf die Beziehung zu ihren primären und sekundären Stakeholdern positiv wirken und so zur Existenzsicherung genauso wie zur Generierung von Wettbewerbsvorteilen dienen. Moderierenden Einfluss auf die Erzielung von Wettbewerbsvorteilen hat dabei die Wahrnehmung des Unternehmens von Seiten der Stakeholder,[327] was über die Reputation des Unternehmens zum Ausdruck kommt und die Transaktionen mit den Stakeholdergruppen erleichtert.[328]

[325] Vgl. Amaeshi / Osuji / Nnodim (2008), S. 223.
[326] Vgl. Spar / La Mure (2003), S. 89-91.
[327] Vgl. Bruton (2011), S. 223.
[328] Vgl. Bruton (2011), S. 204-205; Martin / Petty / Wallace (2009), S. 114-115.

6 Schlussbetrachtung und Ausblick

CSR stellt ein nicht zu vernachlässigendes Thema für Unternehmen dar. Besonders diskussionswürdig ist dabei die Verantwortungsübernahme für Tätigkeiten in Gastländern, in denen soziale und ökologische Anforderungen nicht ausreichend durch gesetzliche Bestimmungen und Regulierungen geschützt sind. Fokalen Unternehmen mit globalen Marken wird von der Öffentlichkeit eine besonders hohe Erwartung entgegengebracht, da sie bedingt durch ihre Marktmacht mit der Ausübung von CSR den fehlenden gesetzlichen Schutz kompensieren können. Markenimage und Firmenreputation stellen für diese Firmen immaterielle Werte dar, die sich durch Übernahme von gesellschaftlicher Verantwortung schützen lassen. Zunehmende Transparenz und Massenmedien begünstigen auch das öffentliche Interesse an den Upstream-Aktivitäten von Unternehmen, die sich in vielen Branchen auf vielschichtige Netzwerke von externen Lieferanten über den Globus verteilt haben. Dabei wird von dem fokalen Unternehmen eine Verantwortung für die Produktionspraktiken der nicht in Eigentumsverhältnissen stehenden Lieferanten erwartet. Die Supply Chain bietet immer wieder Angriffsflächen für NGOs, wie die genannte Beispiele zeigen. Ein nachhaltiges Supply Chain Management stellt dadurch ein wichtiges Element dar, um CSR ganzheitlich in der Unternehmensstrategie zu verankern.

CSR kann dabei durchaus im Eigeninteresse des Unternehmens stehen. Neben dem Schutz von Image und Reputation durch die Berücksichtigung sozialer und ökologischer Belange lassen sich Kostensenkungspotenziale und positive Effekte auf die Produktivität erzielen. Dies stellt vor allem vor dem Hintergrund steigender Rohstoffkosten und zunehmender Umweltregulierungen für Unternehmen einen Unsicherheitsfaktor dar. Die aktive Ausübung und Kommunikation bietet Unternehmen auch die Möglichkeit, sich auf dem Markt strategisch zu differenzieren und damit spezielle Kundengruppen anzusprechen. Um CSR adäquat umsetzen zu können, ist es unumgänglich dies in die Unternehmensstrategie zu integrieren und nicht in separaten Managementsystemen als Beiwerk zu führen. Die Balanced Scorecard stellt ein Instrument dar, das sowohl über den Marktmechanismus wirkende ökologische und soziale Aspekte integrieren kann, als auch in einer fünften Perspektive außermarktliche Aspekte, die zur Erreichung des Unternehmensziels relevant sind, erfasst. Mit Hilfe einer Strategy Map lässt sich ein nachhaltiges Supply Chain Management wertorientiert in die Ursache-Wirkungs-Kette der Sustainability Balanced Scorecard einfügen. Der Verweis auf die Erreichung des Unternehmensziels ist vor allem für die Akzeptanz seitens des Managements wichtig, da diese als Entscheidungsträger im Unternehmen maßgeblich für die Umsetzung von CSR relevant sind. Als Instrument der Strategieumsetzung gibt die Balanced Scorecard zudem eine Orientierung für die Integration von CSR ins tägliche Unternehmensgeschäft. Die Erstellung einer Sustainability Balanced Scorecard setzt allerdings eine bestehende Unternehmensstrategie voraus, die auch die sozialen und ökologischen Aspekte integriert. Zusätzlich müssen für die Implementierung ausreichend personelle und finanzielle Ressourcen zur Verfügung stehen. Zur Kaskadierung der Unternehmensstrategie auf das unternehmensexterne Supply Chain-Netzwerk stellen Codes of Conduct sowie generell Aufbau und Pflege von partnerschaftlichen Verhältnissen einen Weg dar.

Eine wertorientierte Integration von CSR und ein nachhaltiges Supply Chain Management sind dabei grundsätzlich mit dem Shareholder Value vereinbar, wenn sich dadurch eine Wertsteigerung im Sinne der Eigenkapitalgeber erzielen lässt. Problematisch hierbei ist die Beurteilung, da sowohl der Zeitraum als auch der wirtschaftliche Nutzen bei CSR-Maßnahmen meist nicht genau bestimmbar sind. Für ein stakeholderorientiertes Management des Unternehmens kann mit der aktiven Integration von CSR die Beziehung zu den relevanten Anspruchsgruppen positiv beeinflusst werden. Die teilweise hohe Komplexität der Stakeholderbeziehungen sowie die vielseitigen ökologischen, sozialen und ökonomischen Ansprüche lassen sich von Unternehmen allerdings nicht alle simultan befriedigen.

Somit stehen Unternehmen auch in Zukunft vor der Herausforderung, abzugrenzen, wofür sie Verantwortung übernehmen und wie weitreichend diese über die Unternehmensgrenzen hinaus verfolgt wird. Das Unternehmen muss seine Verantwortung weit genug definieren, um seiner gesellschaftlichen Legitimität gerecht zu werden und gleichzeitig seine wirtschaftlichen Vorteile realisieren, da die Wirtschaftlichkeit eine vitale Voraussetzung für das Überleben im globalen Wettbewerb darstellt.

Anhang

Anhangsverzeichnis

Anhang 1

Quelle	Jahr	Definition
Bowen, Howard R.	1953	It refers to the obligations of businessmen to pursue those policies, to make those decisions, or to follow those lines of actions which are desirable in terms of the objectives and values of our society.
Frederick, William C.	1960	[Social Responsibilities] mean that businessmen should oversee the operation of an economic system that fulfills the expectations of the public. And this means in turn that the economy's means of production should be employed in such a way that production and distribution should enhance total socio-economic welfare.
Steiner, George	1971	It [Social Responsibilities] is a philosophy that looks at the social interest and the enlightened self-interest of business over the long run as compared with the old, narrow unrestrained short-run self-interest.
Fitch, Gordon H.	1976	CSR is defined as the serious attempt to solve social problems caused wholly or in part by the corporation.
Jones, Thomas M.	1980	CSR is the notion that corporations have an obligation to constituent groups in society other than stockholders ad beyond that prescribed by law and union contract.
Epstein, Edwin M.	1987	CSR relates primarily to achieving outcomes from organizational decisions concerning specific issues or problems which (by some normative standard) have beneficial rather than adverse effects on pertinent corporation stakeholders.
Hopkins, Michael	1998	Corporate social responsibility is concerned with treating the stakeholders of the firm ethically or in a socially responsible manner. Stakeholders exist both within a firm and outside. Consequently, behaving socially responsibly will increase the human development of stakeholders both within and outside the corporation.
World Business Council for Sustainable Development	2000	CSR is the continuing commitment by business to behave ethically and contribute to economic development while improving the quality of life of the workforce and their families as well as the local community and society at large.

Anhang 1: Übersicht CSR-Definitionen

Anhang 2

Interne Dimensionen von CSR	Externe Dimensionen von CSR
Humanressourcenmanagement Lebenslanges Lernen, Nichtdiskriminierung, Gleichbehandlung von Frauen und Männern, Gewinn-, Kapitalbeteiligung	**Lokale Gemeinschaften** Integration der Unternehmen in das lokale Umfeld, Steuerzahlungen, Beschäftigung, Umweltbelastung, positive freiwillige Beiträge: Partnerschaften, Sponsoring, …
Arbeitsschutz Viele Fragestellungen bereits gesetzlich geregelt, neue Herausforderungen durch Outsourcing, externe Beschaffung, Berücksichtigung von Arbeitsschutzfragen bei der Beschaffung und der Beauftragung von Fremdfirmen	**Geschäftspartner, Zulieferer und Verbraucher** „Soziale" Verantwortung auch für Zulieferer und deren Belegschaft, Abhängigkeit der Zulieferer von fairen Preisen, Compliance bei Zulieferern. Zulieferer werden nicht nur nach Preis ausgewählt. Bedarfsorientierung, Qualität, Sicherheit der Produkte/Dienstleistungen, Zuverlässigkeit, Design für alle.
Sozialverträgliche Umstrukturierung von Unternehmen Fusionen, Rationalisierung, Umstrukturierungen können zu Stellenabbau, Massenentlassungen und Betriebsschließungen führen. Berücksichtigung der wirtschaftlichen und sozialen Folgen für die betroffene Region. Berücksichtigung der Interessen der Mitarbeiter. Negative Auswirkungen mildern.	**Menschenrechte** Globale Versorgungsketten, internationale Wirtschaftstätigkeit. Relevante Normen u.a. OECD Guidelines for Multinational Companies, ILO Erklärung zu grundlegenden Prinzipien und Rechte der Arbeit. Verhalten in Ländern, in denen Menschenrechte häufig verletzt werden, Abkommen von Cotonou: Kampf gegen Korruption. Freiwillige Verhaltenskodizes der Unternehmen, EU-Forderung nach einem Europäischen Verhaltenskodex.
Steuerung der Umwelteinwirkungen und des Ressourcenverbrauchs Win-Win-Potenziale durch sparsamen Ressourceneinsatz, Unterstützung der Unternehmen bei der Einhaltung der Rechtsvorschriften, Belohnungsmechanismen für Vorreiterunternehmen.	**Globaler Umweltschutz** Grenzüberschreitende Auswirkungen, Ressourcenverbrauch. Durch IPP Umweltleitungen in der Supply Chain verbessern, Investitionen in Drittländern, OECD Guidelines, Global Compact, Verhaltenskodizes.

Anhang 2: Übersicht der internen und externen Dimension nach der Europäischen Kommission

Literaturverzeichnis

Amaeshi, Kenneth / Osuji, Onyeka / Nnodim, Paul (2008): Corporate Social Responsibility in Supply Chains of Global Brands: A Boundaryless Responsibility? Clarifications, Exceptions and Implications, in: Journal of Business Ethics, Vol. 81, Nr. 1, 2008, S. 223-234.

Angerhofer, Bernhard / Angelides, Marios (2006): A model and a performance measurement system for collaborative supply chains, in: Decision Support Systems, Vol. 42, Nr. 1, 2006, 283-301.

Arnold, Wolfgang / Freimann, Jürgen / Kurz, Rudi (2001): Grundlagen und Bausteine einer Sustainable Balanced Scorecard (SBS). Überlegungen zur Entwicklung einer SBS für mittelständische Unternehmen, Kassel, 2001.

Arnold, Wolfang / Freimann, Jürgen / Kurz, Rudi (2005): Strategisches Nachhaltigkeitsmanagement mit der Sustainable Scorecard – Konzeption und Umsetzungserfahrungen in den beteiligten KMU, in: Sustainable Balanced Scorecard: Zukunftsfähige Strategien entwickeln und umsetzen, hrsg. v. Boguslawski, Alexander von / Ardelt, Bettina, Eschborn, 2005, S. 157-187.

Asmussen, Nils (2009): Effekte inter-organisationaler Balanced Scorecards: Automobile Hersteller-Zuliefererbeziehungen im internationalen Vergleich, Lüneburg, 2009.

Berman, Barry / Swani, Kunal (2010): Managing product safety of imported Chinese goods, in: Business Horizons, Vol. 53, Nr. 1, 2010, S. 39-48.

Bieker, Thomas / Waxenberger, Bernhard (2002): Sustainability Balanced Scorecard and Business Ethics: Developing a Balanced Scorecard for Integrity Management, Contribution to the 10th International Conference of the Greening of Industry Network, Göteborg, 2002.

Braun, Sabine / Doerner, Ulf / Horst, Dieter / Loew, Thomas (2010): Unternehmerische Verantwortung praktisch umsetzen: Leitfaden zum Nachhaltigkeitsmanagement, hrsg. v. PriceWaterhouseCoopers, http://www.pwc.de/de/nachhaltigkeit/assets/ Brosch_ Nachhaltigkeit_2010.pdf, abgerufen 08.12.2011.

Bruton, James (2011): Unternehmensstrategie und Verantwortung. Wie ethisches Handeln Wettbewerbsvorteile schaffen kann, Berlin, 2011.

Butler, Janet / Hendersen, Sandra (2011): Sustainability and the Balanced Scorecard: Integrating Green Measures into Reporting, in: Management Accounting Quarterly, Vol. 12, Nr. 2, 2011, S. 1-10.

Carroll, Archie B. (1979): A Three-Dimensional Conceptual Model of Corporate Performance, in: Academy of Management Review, Vol. 4, No. 4, 1979, S. 497-505.

Carroll, Archie B. (1991): The Pyramid of Corporate Social Responsibility. Toward the Moral Management of Organizational Stakeholders, in: Business Horizons, Vol. 34, No. 4, 1991, S. 39-48.

Carroll, Archie B. (1999): Corporate Social Responsibility: Evolution of a Definitional Construct, http://bas.sagepub.com/content/38/3/268.full.pdf+html, abgerufen 21.09.2011.

Castro, Noelia / Chousa, Juan (2006): An Integrated Framework for the Financial Analysis of Sustainability, in: Business Strategy and the Environment, Vol. 15, Nr. 5, 2006, S. 322-333.

Chopra, Sunil / Meindl, Peter (2007): Supply Chain Management. Strategy, Planning & Operations, 3. Auflage, New Jersey, 2007.

Christopher, Martin (1998): Logistics and Supply Chain Management: Strategies for Reducing Cost and Improving Service, 2. Auflage, London, 1998.

Churchill, Neil C. (1974): Toward a Theory for Social Accounting, in: Sloan Management Review, Vol. 15, No. 3, 1974, S. 1-17.

Ciliberti, Francesco / de Groot, Gerard / de Haan, Job / Pontrandolfo, Pierpaolo (2009): Codes to coordinate supply chains: SMEs' experience with SA8000, in: Supply Chain Management: An international Journal, Vol. 14, Nr. 2, 2009, S. 117-127.

Clarkson, Max (1995): A Stakeholder Framework for Analyzing and Evaluating Corporate Social Performance, in: Academy of Management Review, Vol. 20, Nr. 1, 1999, S. 92-117.

Collier, Jane / Esteban, Rafael (2007): Corporate Social Responsibility and employee commitment, in: Business Ethics: A European Review, Vol. 16, Nr. 1, 2007, S. 19-33.

Copeland, Tom / Koller, Tim / Murrin, Jack (1993): Unternehmenswert. Methoden und Strategien für eine wertorientierte Unternehmensführung, Frankfurt/Main, 1993.

Curbach, Janina (2009): Die Corporate-Social-Responsibility-Bewegung, Wiesbaden 2009.

Dahlsrud, Alexander (2006): How Corporate Social Responsibility is Defined: an Analysis of 37 Definitions, in: Corporate Social Responsibility and Environmental Management, Vol. 15, Nr. 1, 2008, S. 1-13.

Deegen, Tobias (2001): Ansatzpunkte zur Integration von Umweltaspekten in die „Balanced Scorecard", Working Paper, Universität Lüneburg, 2002.

Delmas, Magali / Burbano, Vanessa (2011): The Drivers of Greenwashing, in: California Management Review, Vol. 54, Nr. 1, 2011, S. 64-87.

Diederichs, Raimund / Meyer, Tobias / Leopoldseder, Markus / Jacob, Frank (2008): Management. Applying Best-Practice Stuctures and Processes, in: Global Production, hrsg. v. Abele, Eberhard / Meyer, Tobias / Näher, Ulrich / Strube, Gernot / Sykes, Richard, Berlin u.a., 2008, S. 270-322.

Dinh, Hai Van Duong (2011): Corporate Social Responsibility. Determinanten der Wahrnehmung, Wirkungsprozesse und Kosequenzen, hrsg. v. Ahlert, Dieter / Creusen, Utho / Ehrmann, Thomas / Olesch, Günter, Wiesbaden, 2011.

Dyllick, Thomas / Schaltegger, Stefan (2001): Nachhaltigkeitsmanagement mit einer Sustainability Balanced Scorecard, in: UmweltWirtschaftsForum, Vol. 9, Nr. 4, 2001, S.68-73.

Dyllick, Thomas / Hockerts, Kai (2002): Beyond the business case for corporate sustainability, in: Business Strategy and the Environment, Vol. 11, Nr. 2, 2002, S. 130-141.

Ehrgott, Matthias / Reimann, Felix / Kaufmann, Lutz / Carter, Craig (2011): Social Sustainability in Selecting Emerging Economy Supplierts, in: Journal of Business Ethics, Vol 98, Nr. 1, 2011, S. 99-119.

Empacher, Claudia / Wehling, Peter (2002): Soziale Dimension der Nachhaltigkeit: Theoretische Grundlagen und Indikatoren, hrsg. v. Institut für sozial-ökologische Forschung, Frankfurt am Main, 2002.

Enquete-Kommission (1998): Schutz des Menschen und der Umwelt – Ziele und Rahmenbedingungen einer nachhaltig, zukunftsverträglichen Entwicklung, http://dipbt.bundestag.de/dip21/btd/13/112/1311200.pdf, abgerufen 29.19.2011.

Epstein, Marc / Wisner, Priscilla (2001): Good Neighbours: Implementing Social and Environmental Strategies with the BSC, in: Balanced Scorecard Report, May/June 2001, Vol. 3, Nr. 3, 2001, S. 1-6.

Ernst & Young (2008): Green for go: Supply Chain Sustainability, http://www.ey.com/Publication/vwLUAssets/AABS_BAS_Supply_chain_sustainability /$FILE/BAS_Sustainability.pdf, abgerufen 29.11.2011.

Etter, Michael / Fieseler, Christian (2011): Die Ökonomie der Verantwortung – eine wirtschaftswissenschaftliche Perspektive auf CSR, in: Handbuch CSR: Kommunikationswissenschaftliche Grundlagen, disziplinäre Zugänge und methodische Herausforderungen, hrsg. v. Raupp, Juliana / Jarolimek, Stefan / Schultz, Friederike, Wiesbaden, 2011, S. 269-280.

Europäische Kommission (2001): GRÜNBUCH: Europäische Rahmenbedingungen für die soziale Verantwortung für Unternehmen, http://eur-lex.europa.eu/ LexUriServ site/de/com/2001/com2001_0366de01.pdf, abgerufen 23.09.2011.

Europäische Kommission (2002): Mitteilung der Kommission betreffend die soziale Verantwortung der Unternehmen: Ein Unternehmensbeitrag zur nachhaltigen Entwicklung, http://eurlex.europa.eu/LexUriServ/LexUriServ.do?uri=COM:2002:0347:FIN:de:PDF, abgerufen 23.09.2011.

Eurostat (2008): International Sourcing Statistics, http://epp.eurostat.ec.europa.eu/statistics_explained/index.php/International_sourcing_statistics, abgerufen 24.10.2011.

Eurostat (2011): Global Value Chains - international sourcing to China and India, http://epp.eurostat.ec.europa.eu/statistics_explained/index.php/Global_value_chains_-_international_sourcing_to_China_and_India, abgerufen 24.10.2011.

Faisal, Nishat (2010): Analysing the barriers to corporate social responsibility in supply chains: an interpretive structural modeling approach, in: International Journal of Logistics: Research and Applications, Vol. 13, Nr. 3, 2010, S. 179-195.

Fassin, Yves (2009): The Stakeholder Model Refined, in: Journal of Business Ethics, Vol. 84, Nr. 1, 2009, S. 113-135.

Faul, Katja (2005): Wertorientiertes Controlling. Ein Ansatz zur Unternehmens- und Verhaltenssteuerung in dezentralen Organisationen, Hamburg, 2005.

Figge, Frank / Schaltegger, Stefan (2000): Was ist "Stakeholder Value"? Vom Schlagwort zur Messung, Lüneburg, 2000.

Figge, Frank / Hahn, Tobias / Schlategger, Stefan / Wagner, Marcus (2001): Sustainability Balanced Scorecard. Wertorientiertes Nachhaltigkeitsmanagement mit der Balanced Scorecard, Lüneburg, 2001.

Figge, Frank / Hahn, Tobias (2002a): Sustainable Value Added, Paper for the Greening of the Industry Network Conference 2002, Gothenburg, 2002.

Figge, Frank / Hahn, Tobias (2002b): Environmental Shareholder Value Matrix. Konzeption, Anwendung und Berechnung, Lüneburg, 2002.

Figge, Frank / Hahn, Tobias / Schaltegger, Stefan / Wagner, Marcus (2002a): The Sustainability Balanced Scorecard – Linking Sustainability Management to Business Strategy, in: Business Strategy and the Environment, Vol. 11, Nr. 5, 2002, S. 269-284.

Figge, Frank / Hahn, Tobias / Schaltegger, Stefan / Wagner, Marcus (2002b): The Sustainability Balanced Scorecard – Theory and Application of a Tool for Value-Based Sustainability Management, Paper for the Greening of the Industry Network Conference 2002, Gothenburg, 2002.

Freeman, Edward (1984): Strategic Management. A Stakeholder Approach, Marshfield., 1984.

Freeman, Edward (2004): The Stakeholder Approach Revisited, in: Zeitschrift für Wirtschafts- und Unternehmensethik, Vol. 5, Nr. 3, 2004, S. 228-241.

Frenkel, Stephen / Scott, Duncan (2002): Compliance, Collaboration, and Codes of Labor Practice: The Adidas Connection, in: California Management Review, Vol. 45, Nr. 1, 2002, S. 29-49.

Frenkel, Stephen / Kim, Seongsu (2004): Corporate codes of labour practice and employment relations in sports shoe contractor factories in South Korea, in: Asia Pacific Journal of Human Ressources, Vol. 42, Nr. 1, 2004, S. 6-31.

Friedman, Milton (1970): The Social Responsibility of Business is to increase its Profits, in: The New York Times Magazine, http://www.umich.edu/~thecore/doc/Friedman.pdf, abgerufen 17.12.2011.

Global Reporting Initiative (GRI) (o.J.): The concept "Transparency in the Supply Chain", http://www.globalreporting.org/CurrentPriorities/SupplyChain/GRIGTZProject/AboutTheProject/, abgerufen 01.11.2011.

Gminder, Carl Ulrich / Bieker, Thomas / Dyllick, Thomas / Hockerts, Kai (2002): Nachhaltigkeitsstrategien umsetzen mit der Sustainability Balanced Scorecard, in: Nachhaltig managen mit der Balanced Scorecard: Konzept und Fallstudien, hrsg. v. Schaltegger, Stefan / Dyllick, Thomas, Wiesbaden, 2002, S. 95-147.

Goldmann, Abigail (2007): Mattel's troubles spur downgrade, http://articles.latimes.com/2007/sep/08/business/fi-mattel8, abgerufen 05.11.2011.

Greening, Daniel / Turban, Daniel (2000): Corporate Social Performance as a Competitive Advantage in Attracting a Quality Workforce, in: Business & Society, Vol. 39, Nr. 3, 2000, S. 254-280.

Greenpeace (2003): Chronic: Ein Konzern versenkt sein Image, http://www.greenpeace.de/tip/themen/oel/brent_spar/artikel/chronik_ein_konzern_versenkt_sein_image/, abgerufen 03.11.2011.

Hahn, Tobias / Wagner, Marcus / Figge, Frank / Schaltegger, Stefan (2002): Wertorientiertes Nachhaltigkeitsmanagement mit einer Sustainability Balanced Scorecard, in: Nachhaltig managen mit der Balanced Scorecard: Konzept und Fallstudien, hrsg. v. Schaltegger, Stefan / Dyllick, Thomas, Wiesbaden, 2002, S. 43-94.

Hansen, Ursula / Bode, Matthias / Moosmayer, Dirk (2004): Stakeholder Theory between general and contextual approaches – A German view, in: Zeitschrift für Wirtschafts- und Unternehmensethik, Vol. 5, Nr. 3, 2004, S. 242-254.

Hardtke, Arnd (2010): Das CSR-Universum, in: Gesellschaftliche Verantwortung von Unternehmen. Von der Idee der Corporate Social Responsibility zur erfolgreichen Umsetzung, hrsg. v. Hardtke, Arnd / Kleinfeld, Annette, Wiesbaden, 2010, S. 13-70.

Henriques, Irene / Sadorsky, Perry (1999): The Relationship between Environmental Commitment and Managerial Perceptions of Stakeholder Importance, in: Academy of Management Journal, Vol. 42, Nr. 1, 1999, S. 87-99.

Hild, Reinhard (2005): Automobilindustrie: stark reduzierte Wertschöpfungsquote und gebremste Produktivitätsentwicklung, http://www.cesifo-group.de/portal/page/portal/ifoContent/N/pr/pr-PDFs/Schnelldienst-2011-PDF/ifosd_2011_6_5.pdf, abgerufen am 25.10.2011.

Hillman, Amy / Keim, Gerald (2001): Shareholder Value, Stakeholder Management, and social Issues: What's the bottom line?, in: Strategic Management Journal, Vol. 22, Nr. 2, 2001, S. 125-139.

Höffe, Ortfried (2010): Soziale Verantwortung von Unternehmen: Rechtsphilosophische Überlegungen, in: Corporate Social Responsibility in der Wirtschaftskriese: Reichweiten und Verantwortung, hrsg. v. Aßländer, Michael / Löhr, Albert, München u.a., 2010, S. 35-48.

Hoffman, William (2007): Who's Carbon free?; Wal-Mart takes on supply chain of products as expansive carbon measuring plan eyes distribution, http://whitman.syr.edu/pdfs/TrafficWorld.pdf, abgerufen 02.12.2011.

Horvath, Peter / Kaufmann, Lutz (1998): Balanced Scorecard – ein Werkzeug zur Umsetzung von Strategien, in: Harvard Business Manager, Edition 1, 2009, S. 17-26.

Jacob, Frank / Strube, Gernot (2008): Why Go Global? The Multinational Imperative, in: Global Production, hrsg. v. Abele, Eberhard / Meyer, Tobias / Näher, Ulrich / Strube, Gernot / Sykes, Richard, Berlin u.a., 2008, S. 2-33.

Jensen, Michael (2001): Value Maximization, Stakeholder Theory, and the Corporate Objective Funktion, in: European Financial Management, Vol. 7, Nr. 3, 2001, S. 297-317.

Jiang, Bin / Baker, Renevor / Frazier, Gregory (2009): An analysis of job dissatisfaction and turnover to reduce global supply chain risk: Evidence from China, in: Journal of Operations Management, Vol. 27, Nr. 2, 2009, S. 169-184.

Jiang, Bin (2009): Implementing Supplier Codes of Conduct in Global Supply Chains: Process Explanations from Theoretic and Empirical Perspectives, in: Journal of Business Ethics, Vol. 85, Nr. 1, 2009, S. 77-92.

Kaplan, Robert / Norton, David (1993): Putting the Balanced Scorecard to work, in: Harvard Business Review, Vol. 71, Nr. 5, 1993, S. 134-147.

Kaplan, Robert / Norton, David (1997a): Balanced Scorecard. Strategien erfolgreich umsetzen, Suttgart, 1997.

Kaplan, Robert / Norton, David (1997b): Strategieumsetzung mit Hilfe der Balanced Scorecard, in: Die Kunst des Controllings, hrsg. v. Gleich, Ronald / Seidenschwarz, Werner, München, 1997, S. 313-342.

Kaplan, Robert / Norton, David (2000): Having Trouble with Your Strategy? Then Map it, in: Harvard Business Review, Vol. 78, Nr. 5, 2000, S. 176-176.

Kaplan, Robert / Norton, David (2004): Strategy Maps: Der Weg von immateriellen Werten zum materiellen Erfolg, Stuttgart, 2004.

Kinkel, Steffen / Lay, Gunther (2003): Fertigungstiefe – Ballast oder Kapital? Stand und Effekte von Out- und Insourcing im Verarbeitenden Gewerbe Deutschlands, in: Mitteilung aus der Produktionsinnovationserhebung Nr. 30, Fraunhofer ISI, http://isi.fraunhofer.de/isi-en/i/publikationen/mitteilung_pi.php, abgerufen 25.11.2011.

Kirstein, Sandra (2009): Unternehmensreputation. Corporate Social Responsibility als strategische Option für deutsche Automobilhersteller, Wiesbaden, 2009.

Koplin, Julia (2005): Nachhaltigkeit im Beschaffungsmanagement. Ein Konzept zur Integration von Umwelt- und Sozialstandards, Wiesbaden, 2006.

Koschnike, Michael (2001): Supply Chain-Management in der Automobilindustrie. Anforderungen an die Prozesse und IT, in: Supply Chain Management: Konzepte, Erfahrungsberichte und Strategien auf dem Weg zu digitalen Wertschöpfungsnetzen, hrsg. v. Lawrent, Oliver / Hildebrand, Knut / Nenninger, Michael / Hillek, Thomas, 2. Auflage, Braunschweig u.a., 2001, S. 281-302.

Laupper, Urban Anton Karl (2004): Wertorientierte Netzwerksteuerung. Neue Werttreiber für Unternehmen in Wertschöpfungsnetzwerken, St. Gallen, 2004.

Levitt, Theodore (1958): The Dangers of Social Responsibility, in: Harvard Business Review, Vol. 36, Nr. 5, 1958, S. 41-50.

Loew, Thomas / Ankele, Kathrin / Braun, Sabine / Clausen, Jens (2004): Bedeutung der internationalen CSR-Diskussion für Nachhaltigkeit und die sich daraus ergebenden Anforderungen an Unternehmen mit Fokus Berichterstattung, http://www.4sustainability.org/ do wnloads/Loew-etal-2004-Bedeutung_der_CSR_Diskussion.pdf, abgerufen 22.09.2011

Loew, Thomas (2005): CSR in der Supply Chain: Herausforderungen und Ansatzpunkte für Unternehmen, http://www.4sustainability.org/ downloads/Loew_2006_CSR_ in_der_ Supply-Chain.pdf, abgerufen 17.10.2011.

Mahammadzadeh, Mahammad (2003): Nachhaltige Balanced Scorecard: Konzeptionen und Erfahrungen, hrsg. v. Institut der deutschen Wirtschaft, Köln, 2003.

Manget, Joe / Roche, Catherine / Münnich, Felix (2009): Capturing the Green Advantage for Consumer Companies, http://www.bcg.de/documents/file15407.pdf, abgerufen 06.12.2011.

Mankiw, Gregory (2004): Grundzüge der Volkswirtschaftslehre, 3. Auflage, Stuttgart, 2004.

Mares, Radu (2010): The Limit of Supply Chain Responsibilitiy: A Critical Analysis of Corporate Responsibility Instruments, in: Nordic Journal of International Law, Vol. 79, Nr. 2, 2010, S. 193-244.

Margolis, Joshua / Walsh, James (2003): Misery Loves Companies: Rethinking Social Initiatives by Business, in: Administrative Science Quarterly, Vol. 48, Nr. 2, 2003, S. 268-305.

Margolis, Joshua / Elfenbein, Hillary Anger / Walsh, James (2007): Does it Pay to be Good And does it Matter? A Meta-Analysis of the Relationship between Corporate Social and Financial Performance, http://stakeholder.bu.edu/2007/Docs/Walsh,%20Jim%20Does% 20It%20Pay%20to%20Be%20Good.pdf, abgerufen 22.10.2011.

Martin, John / Petty, William / Wallace, James (2009): Shareholder-Value Maximization – Is There a Role for Corporate Social Responsibility?, in: Journal of Applied Corporate Finance, Vol. 21, Nr. 2, 2009, S. 110-118.

Mefford, Robert (2011): The Economic Value of a Sustainable Supply Chain, in: Business and Society Review, Vol. 116, Nr. 1, 2011, S. 109-143.

Müller-Christ, Georg (2001): Nachhaltiges Ressourcenmanagement. Eine wirtschaftsökologische Fundierung, Marburg, 2001.

Myers, Matthew / Borghesi, Antonio / Russo, Ivan (2007): Assessing the Global Environment, in: Handbook of Global Supply Chain Management, hrsg. v. Mentzer, John / Myers, Matthew / Stank, Theodore, Thousand Oakes, 2007, S. 39-50.

Natural Marketing Institute (2007): The LOHAS Consumer Trend Report, http://andeeknutson.com/studies/LOHAS/General%20Health%20and%20Wellness/11_LOHAS_Whole_Foods_Version.pdf, abgerufen 14.11.2011.

Neuhäuser, Christian (2011): Unternehmen als moralische Akteure, Berlin, 2011.

O.V. (2004): Nachhaltigkeit, in: Gabler Wirtschaftslexikon, 16. Auflage, Wiesbaden, 2004.

O.V. (2008): Global Lifestyle of Health and Sustainability: An overview on the growing global market and consumer base for sustainable products and services, http://www.nzte.govt.nz/access-international-networks/Explore-opportunities-in-growth-industries/new-global-business-trends/Documents/Global-lifestyle-of-health-and-sustainability-report.pdf, abgerufen 14.11.2011.

OECD (2002): Supply Chains and the OECD Guidelines for Multinational Enterprises, Business and Industry Advisory Committee to the OECD Discussion Paper on Supply Chain Management, http://www.oecd.org/dataoecd/50/2/2089098.pdf, abgerufen 01.11.2011.

Opijnen, Marjon van / Oldenziel, Joris (2011): Responsible Supply Chain Management: Potential success factors and challenges for addressing prevailing human rights and other CSR issues in Supply Chains of EU-based companies, http://somo.nl/publications-en/Publication_3655/view, abgerufen am 02.11.2011.

Orlitzky, Marc / Schmidt, Frank / Rynes, Sara (2003): Corporate Social and Financial Performance: A Meta-Analysis, in: Organization Studies, Vol. 24, Nr. 3, 2003, S. 403-441.

Pedersen, Esben / Andersen, Mette (2006): Safeguarding corporate social responsibility (CSR) in global supply chains: how code of conduct are managed in buyer-supplier relationships, in: Journal of Public Affairs, Vol. 6, Nr. 3-4, 2006, S. 228-240.

Pfohl, Hans-Christian (2004): Logistiksysteme. Betriebswirtschaftliche Grundlagen, 7. korr. und aktual. Auflage, Berlin, 2004, zit. nach: Gomm, Moritz (2008): Supply Chain Finanzierung: Optimierung der Finanzflüsse in Wertschöpfungsketten, Berlin, 2008.

Phillips, Robert / Caldwell, Craig (2005): Value Chain Responsibility: A Farewell to Arm's Lenth, in: Business and Society Review, Vol. 110, Nr. 4, 2005, S. 345-370.

Pleon Kohtes Klewes (2005): Unternehmen Verantwortung: der Global Stakeholder Report 2005: Die zweite weltweite Stakeholder-Befragung zur Nachhaltigkeitsberichterstattung von Unternehmen, http://www.ketchum.de/files/Global_Stakeholder_Report _2005_ de. pdf, abgerufen am 15.09.2011.

Piplani, Rajesh / Pujawan, Nyoman / Ray, Saibal (2008): Sustainable Supply Chain Management, in: International Journal of production economics, Vol. 111, Nr. 2, 2008, S. 193-194.

Promberger, Kurt / Spiess, Hildegard (2006): Der Einfluss von Corporate Social (and Ecological) Responsibility auf den Unternehmenserfolg, Working Paper, Universität Innsbruck, 2006.

Rappaport, Alfred (1999): Shareholder Value. Ein Handbuch für Manager und Investoren, 2. Auflage, Stuttgart, 1999.

Roberts, Dexter / Engardio, Pete / Bernstein, Aaron / Holmes, Stanley / Ji, Xiang (2006): Secrets, Lies, And Sweatshops, http://www.businessweek.com/magazine/content/06_48/b4011001.htm, abgerufen 13.12.2011.

Roloff, Julia / Aßländer, Michael (2010): Corporate Autonomy and Buyer-Supplier Relationships: The Case of Unsafe Mattel Toys, in: Journal of Business Ethics, Vol. 97, Nr. 4, 2010, S. 517-534.

Rooney, Ben (2007): Mattel's recall bound: Stock Spotlight: A rash of recalls hurt the toy maker's image and stock this summer. How will Mattel fare in the aftermath?, http://money.cnn.com/2007/10/12/markets/spotlight_mat/index.htm, abgerufen 05.11.2011.

Salzmann, Oliver / Steger, Ulrich / Ionescu-Somers, Aileen (2008): Determinants of corporate sustainability management: An empirical contingency approach, in: Corporate Social Responsibility, hrsg. v. Schwalbach, Joachim, Wiesbaden, 2008, S. 1-21.

Schaltegger, Stefan / Figge, Frank (1998): Environmental Shareholder Value, WWZ Studie Nr. 54, http://www2.leuphana.de/umanagement/csm/content/nama/downloads/ download_publikationen/Schaltegger_Figge_1998_ESHV.pdf, abgerufen 19.12.2011.

Schaltegger, Stefan / Dyllick, Thomas (2002): Nachhaltig managen mit der Balanced Scorecard. Konzept und Fallstudien, Wiesbaden, 2002.

Schaltegger, Stefan / Hasenmüller, Philipp (2005): Nachhaltiges Wirtschaften aus Sicht des „Business Case of Sustainability", Ergebnispapier zum Fachdialog des Bundesumweltministeriums, Lüneburg, 2005.

Schaltegger, Stefan / Harms, Dorli (2010): Sustainable Supply Chain Management: Praxisstand in deutschen Unternehmen, hrsg. v. Center for Sustainability Management (CSM) e.V., Lüneburg, 2010.

Schmeisser, Wilhelm / Rönsch, Maria / Zilch, Isabel (2009): Shareholder Value Approach versus Corporate Social Responsibility. Eine unternehmensethische Einführung in zwei konträre Ansätze, http://www.wiso-net.de/webcgi?START= A60&DOKV_DB= EBOK &DOKV_NO=9783866183414179&DOKV_HS=0&PP=1, abgerufen 16.12.2011.

Schmidt, Reinhard / Weiß, Marco (2003): Shareholder vs. Stakeholder. Ökonomische Fragestellungen, Working Paper, Nr. 104, Johann Wolfgang Goethe-Universität, Frankfurt, 2003.

Schneider, Anna-Maria / Schwerk, Anja (2010): Corporate Social Responsibility in Chinese Supplier Firms, in: Corporate Social Responsibility and Stakeholder Dynamics, hrsg. v. Schwalbach, Joachim, ZfB Special Issue 1/2010, Wiesbaden, 2010.

Schranz, Mario (2007): Wirtschaft zwischen Profit und Moral. Die gesellschaftliche Verantwortung von Unternehmen im Rahmen der öffentlichen Kommunikation, Wiesbaden, 2007.

Sen, Subir (2009): Linking Green Supply Chain Management and Shareholder Value Creation, in: The IUP Journal of Supply Chain Management, Vol. 6, Nr. 3 & 4, S. 95-109.

Seth, Jagdish / Sharma, Arun (2007): Relationship Management, in: Handbook of Global Supply Chain Management, hrsg. v. Mentzer, John / Myers, Matthew / Stank, Theodore, Thousand Oakes, 2007, S. 361-371.

Seuring, Stefan / Müller, Martin (2009): Nachhaltiges Management von Wertschöpfungsketten, in: Betriebliches Umweltmanagement. Nachhaltiges Wirtschaften in Unternehmen, hrsg. v. Baumast, Annett / Pape, Jens, 4. Auflage, Stuttgart, 2009, S.165-175.

Smith, Adam (1789): Der Wohlstand der Nationen. Eine Untersuchung seiner Natur und seiner Ursachen, 5. Auflage, übers. v. Recktenwald, Horst Claus, München, 1974 (zuerst engl. 1776 u.d.T.: The Wealth of Nations).

Sommer, Peggy (2007): Umweltfokussiertes Supply Chain Management. Am Beispiel des Lebensmittelsektors, Wiesbaden, 2007.

Spar, Debora / La Mure, Lane (2003): The Power of Activism: Assessing the Impact of NGOs on Global Buisness, in: California Management Review, Vol. 45, Nr. 3, 2003, S. 78-101.

Spicer, Barry (1978): Investors, Corporate Social Performance, and Information Disclosure: An Empirical Study, in: Accounting Review, Vol. 53, Nr. 1, 1978, S. 94-111.

Stephan, Michael (2004): Die Verantwortung multinationaler Unternehmen in der Zulieferkette – Das Konzept des ‚Investment Nexus' aus Sicht der Betriebswirtschaftslehre, in: Germanwatch / EED / TUAC / OECD (2004): Wie weit reicht die Verantwortung von Unternehmen? Handels- und Zulieferbeziehungen von multinationalen Unternehmen, Tagungsdokumentation, Leverkusen, 2004, S.35-46.

SustainAbility (2001): Buried Treasure. Uncovering the business case for corporate sustainability,http://www.acceleratingcsr.eu/uploads/databases/files/buried_treasure.pdf, abgerufen 18.12.2011.

The Body Shop (2011): The Body Shop: Striving to be a force for good, Values Report 2011, http://viewer.zmags.com/publication/674fb32c#/674fb32c/1, abgerufen 02.12.2011.

United Nations Global Compact (2010): Supply Chain Sustainability: A Practical Guide for Continuous Improvement, http://globalcompact.oit.duke.edu/ globalcompact/sites/ default/files/BSR%20supply%20chain%20sustainability.PDF, abgerufen 02.11.2011.

Vachon, Stephan / Klassen, Robert (2006): Extending green practices across the supply chain: The impact of upstream and downstream integration, in: International Journal of Operations & Production Management, Vol. 26, Nr. 7, 2006, S. 795-821.

Våland, Terje / Heide, Morten (2005): Corporate Social Responsiveness: Exploring the Dynamics of „Bad Episodes", in: European Management Journal, Vol. 23, Nr. 5, 2005, S. 495-506.

Velthuis, Louis / Wesner, Peter (2005): Value Based Management. Bewertung, Performancemessung und Managemententlohnung mit ERIC®, Stuttgart, 2005.

Verband der Automobilindustrie (VDA) (2000): Auto-Jahresbericht 2000, http://www.vda.de/de/publikationen/jahresberichte/index.html, abgerufen 25.20.2011.

Vurro, Clodia / Russo, Angeloantonio / Perrini, Francesco (2009): Shaping Sustainable Value Chains: Network Determinants of Supply Chain Governance Models, in: Journal of Business Ethics, Vol. 90, Supplement 4, 2009, S. 607-621.

Waddock, Sandra / Graves, Samuel (1997): The Corporate Social Performance - Financial Performance Link, in: Strategic Management Journal, Vol. 18, Nr. 4, 1997, S. 303-319.

Waddock, Sandra / Bodwell, Charles / Graves, Samuel (2002): Responsibility: The new business imperative, in: Academy of Management Executive, Vol. 16, Nr. 2, 2002, S. 132-148.

Waddock, Sandra (2004): Parallel Universes: Companies, Academics, and the Progress of Corporate Citizenship, in: Business and Society Review, Vol. 109, Nr. 1, 2004, S. 5-42.

Wartick, Steven / Cochran, Philip (1985): The Evolution of the Corporate Social Performance Model, in: Academy of Management Review, Vol. 10, Nr. 4, 1985, S. 758-769.

Webby, Robyn (2006): Insulating the Supply Network from Corporate Social Responsibility Risk, 91st Annual International Supply Management Conference, http://www.ism.ws/files/Pubs/Proceedings/BHWebby.pdf, abgerufen 06.11.2011.

Weltkommission für Umwelt und Entwicklung (1987): Unsere gemeinsame Zukunft, hrsg. v. Hauff, Volker, Greven, 1987.

Werner, Hartmut (2010): Supply Chain Management. Grundlagen, Strategien, Instrumente und Controlling, 4. Auflage, Wiesbaden, 2010.

Werther, William B. Jr. / Chandler, David (2005): Strategic Corporate social responsibility as global brand insurance, in: Business Horizons, Vol. 48, Nr. 4, 2005, S.317-324.

Westebbe, Achim / Logan, David (1995): Corporate Citizenship: Unternehmen im gesellschaftlichen Dialog, Wiesbaden, 1995.

Wieland, Josef / Schmiedeknecht, Maud (2010): Verantwortungsvolle Unternehmensführung. Globalisierung und unternehmerische Verantwortung, in: Gesellschaftliche Verantwortung von Unternehmen: Von der Idee der Corporate Social Responsibility zur erfolgreichen Umsetzung, hrsg. v. Hardtke, Arnd / Kleinfeld, Annette, Wiesbaden, 2010.

Wood, Donna J. (1991): Corporate Social Performance revisited, in: Academy of Management Review, Vol. 16, No. 4, 1991, S. 691-718.

EINZELSCHRIFTEN

Elise Spiegel
Emissionen im Museum – Ein Gütezeichen für emissionsarme Ausstellungsmaterialien und Vitrinen als mögliches Instrument zur Schadstoffbegrenzung
Lohmar – Köln 2012 • 220 S. • € 55,- (D) • ISBN 978-3-8441-0194-2

Michael Thomas Berger
Der Kundenwert als Instrument einer integrierten Vertriebssteuerung in der Automobilindustrie – Entwicklung eines Konzeptes am Beispiel von Großkunden der Nutzfahrzeughersteller
Lohmar – Köln 2012 • 256 S. • € 57,- (D) • ISBN 978-3-8441-0196-6

Janina Serfas
Gerechter Preis, gerechter Lohn – Ein Vergleich von scholastischer und klassischer Theorie
Lohmar – Köln 2012 • 132 S. • € 43,- (D) • ISBN 978-3-8441-0197-3

Manuel Imhof
Business Restructuring – Eine betriebswirtschaftliche und steuerrechtliche Analyse
Lohmar – Köln 2012 • 504 S. • € 73,- (D) • ISBN 978-3-8441-0207-9

Thorsten Böth und Matthias Meyer-Schwarzenberger (Hrsg.)
Klimawandel und nachhaltige Ökonomie – Problemkontext und Perspektiven – Konferenzbeiträge zum 3. Internationalen Ökonomentag
Lohmar – Köln 2012 • 116 S. • € 42,- (D) • ISBN 978-3-8441-0210-9

Martin Wehrfritz
Nationale Prägung der IFRS-Anwendung – Empirische Erkenntnisse für Deutschland und Großbritannien
Lohmar – Köln 2012 • 416 S. • € 67,- (D) • ISBN 978-3-8441-0212-3

Christian Neßler und Katja Bartelt
Die Bedeutung eines nachhaltigen SCM für die Umsetzung von CSR in der Unternehmensstrategie
Lohmar – Köln 2013 • 84 S. • € 37,- (D) • ISBN 978-3-8441-0221-5